国家出版基金项目
NATIONAL PUBLICATION FOUNDATION

[青少年太空探索科普丛书·第2辑]

SCIENCE SERIES IN SPACE EXPLORATION FOR TEENAGERS

太空探索再出发 引领读者畅游浩瀚宇宙

水星奥秘100问

焦维新○著

辽宁人民出版社 | 辽宁电子出版社

© 焦维新　2021

图书在版编目（CIP）数据

水星奥秘 100 问 / 焦维新著 . —沈阳：辽宁人民出版社，2021.6（2022.1 重印）

（青少年太空探索科普丛书 . 第 2 辑）

ISBN 978-7-205-10197-8

Ⅰ . ①水… Ⅱ . ①焦… Ⅲ . ①水星—青少年读物 Ⅳ . ① P185.1-49

中国版本图书馆 CIP 数据核字（2021）第 093501 号

出　　版：辽宁人民出版社　辽宁电子出版社
发　　行：辽宁人民出版社
　　　　　地址：沈阳市和平区十一纬路 25 号　邮编：110003
　　　　　电话：024-23284321（邮　购）　024-23284324（发行部）
　　　　　传真：024-23284191（发行部）　024-23284304（办公室）
　　　　　http://www.lnpph.com.cn
印　　刷：北京长宁印刷有限公司天津分公司
幅面尺寸：185mm×260mm
印　　张：8.5
字　　数：133 千字
出版时间：2021 年 6 月第 1 版
印刷时间：2022 年 1 月第 2 次印刷
责任编辑：娄　瓴
特约编辑：张　鹏
装帧设计：丁末末
责任校对：郑　佳
书　　号：ISBN 978-7-205-10197-8

定　　价：59.80 元

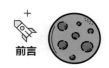
前言
PREFACE
——

2015 年，知识产权出版社出版了我所著的《青少年太空探索科普丛书》（第 1 辑），这套书受到了读者的好评。为满足读者的需要，出版社多次加印。其中《月球文化与月球探测》荣获科技部全国优秀科普作品奖；《揭开金星神秘的面纱》荣获第四届"中国科普作家协会优秀科普作品银奖"；《北斗卫星导航系统》入选中共中央宣传部主办、中国国家博物馆承办的"书影中的 70 年——新中国图书版本展"。从出版发行量和获奖的情况看，这套丛书是得到社会认可的，这也激励我进一步充实内容，描述更广阔的太空。因此，不久就开始酝酿写作第 2 辑。

在创作《青少年太空探索科普丛书》（第 2 辑）时，我遵循这三个原则：原创性、科学性与可读性。

当前，社会上呈现的科普书数量不断增加，作为一名学者，怎样在所著的科普书中显示出自己的特点？我觉得最重要的一条是要突出原创性，写出来的书无论是选材、形式和语言，都要有自己的风格。如在《话说小行星》中，将多种图片加工组合，使读者对小行星的类型和特点有清晰的认识；在《水星奥秘 100 问》中，对大多数图片进行了艺术加工，使乏味的陨石坑等地貌特征变得生动有趣；在关于战争题材的书中，则从大量信息中梳理出一条条线索，使读者清晰地了解太空战和信息战是由哪些方面构成的，美国在太空战和信息战方面做了哪些准备，这样就使读者对这两种形式战争的来龙去脉有了清楚的了解。

教书育人是教师的根本任务，科学性和严谨性是对教师的基本要求。如果拿不严谨的知识去教育学生，那是误人子弟。学校教育是这样，搞科普宣传也是这样。因此，对于所有的知识点，我都以学术期刊和官方网站为依据。

图书的可读性涉及该书阅读和欣赏的价值以及内容吸引人的程度。可读性高的科普书，应具备内容丰富、语言生动、图文并茂、引人入胜等特点；虽没有小说动人的情节，但有使人渴望了解的知识；虽没有章回小说的悬念，但有吸引读者深入了解后续知识的感染力。要达到上述要求，就需要在选材上下功夫，在语言上下功夫，在图文匹配上下功夫。具体来说做了以下努力。

1. 书中含有大量高清晰度图片，许多图片经过自己用专业绘图软件进行处理，艺术质量高，增强了丛书的感染力和可读性。

2. 为了增加趣味性，在一些书的图片下加了作者创作的科普诗，可加深读者对图片内涵的理解。

3. 在文字方面，每册书有自己的风格，如《话说小行星》和《水星奥秘100问》的标题采用七言诗的形式，读者一看目录便有一种新鲜感。

4. 科学与艺术相结合。水星上的一些特征结构以各国的艺术家命名。在介绍这些特殊结构时也简单地介绍了该艺术家，并在相应的图片旁附上艺术家的照片或代表作。

5. 为了增加趣味性，在《冥王星的故事》一书中，设置专门章节，数字化冥王星，如十大发现、十件酷事、十佳图片、四十个趣事。

6. 人类探索太空的路从来都不是一帆风顺的，有成就，也有挫折。本丛书既谈成就，也正视失误，告诉读者成就来之不易，在看到今天的成就时，不要忘记为此付出牺牲的人们。如在《星际航行》的运载火箭部分，专门加入了"运载火箭爆炸事故"一节。

十本书的文字都是经过我的夫人刘月兰副研究馆员仔细推敲的，这个工作量相当大，夫人可以说是本书的共同作者。

在全套书内容的选择上，主要考虑的是在第1辑中没有包括的一些太阳系天体，而这些天体有些是人类的航天器刚刚探测过的，有许多新发现，如冥王星和水星。有些是我国正计划要开展探测的，如小行星和彗星。还有一些是太阳系富含水的天体，这是许多人不甚了解的。第二方面的考虑是航天技术商业化的一个重要方向——太空旅游。随着人们生活水平的提高，旅游已经成为日常生活必不可少的活动。神奇的太空能否成为旅游目的地，这是人们比较关心

的问题。由于太空游费用昂贵，目前只有少数人能够圆梦，但通过阅读本书，人们可以学到许多太空知识，了解太空旅游的发展方向。另外，太空旅游的方式也比较多，费用相差也比较大，人们可以根据自己的经济实力，选择适合自己的方式。第三方面，在国内外科幻电影的影响下，许多人开始关注星际航行的问题。不载人的行星际航行早已实现，人类的探测器什么时候能进行超光速飞行，进入恒星际空间，这个话题也开始引起人们的关注。《星际航行》就是满足这些读者的需要而撰写的。第四方面是直接与现代战争有关的题材，如太空战、信息战、现代战争与空间天气。现代战争是人们比较关心的话题，但目前在我国的图书市场上，译著和专著较多，很少看到图文并茂的科普书。这三本书则是为了满足军迷们的需要，阅读了美国军方的大量文件后书写完成。

《青少年太空探索科普丛书》（第 2 辑）的内容广泛，涉及多个学科。限于作者的学识，书中难免出现不当之处，希望读者提出批评指正。

本套图书获得国家出版基金资助。在立项申请时，中国空间科学学会理事长吴季研究员、北京大学地球与空间科学学院空间物理与应用技术研究所所长宗秋刚教授为此书写了推荐信。再次向两位专家表示衷心的感谢。

焦维新

2020 年 10 月

目录
CONTENTS

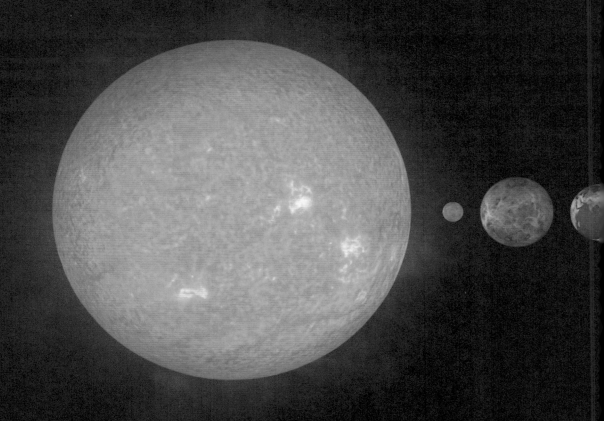

▲ 太阳及太阳系的行星

第1章

趣味水星

水星是太阳系八大行星中最小的，也是离太阳最近
的行星。它的转轴倾角最小，离心率最高，转得
慢，跑得快，由此产生了一系列奇异的特征——
为什么在水星会度日如年？
水星凌日是什么？
水星为什么没有四季变化？

水星是太阳系八大行星中最小的，也是离太阳最近的行星。它的转轴倾角最小，离心率最高，转得慢，跑得快，由此产生一系列奇异的特征。

太阳系内一辰星，自身转动慢腾腾。
行星赛跑它夺冠，信使之神留美名。

■ 001

水星名字的由来

水星整体是干燥、炎热的，没有液态水。可是，在古代人们并不知道上面有没有水，那为什么称之为水星呢？

中国最早将水星称为辰星，因为它在地球轨道内，我们能看到它的机会很少，只有在清早或黄昏时、它距离地平线不过一辰（一日有 12 时辰，子、丑、寅、卯、辰、巳、午、未、申、酉、戌、亥，故一辰为 30 度）的区域内才能看到，所以称之为辰星。

西汉时期，史学家司马迁把五大行星与春秋战国以来的"五行"学说联系在一起，正式把五大行星命名为金星、木星、水星、火星和土星。五行配五色，木为青，火为赤，土为黄，金为白，水为黑。古时候，人们将五大行星分别称为岁星、荧惑、填星、太白和辰星。司马迁根据实际观测发现，岁星呈青色，故改名木星；荧惑呈红色，故称火星；填星为黄色，故称土星；太白为白色，故称金星；辰星呈灰色，故称水星：这些在《史记·天官书》中有明确的记载。

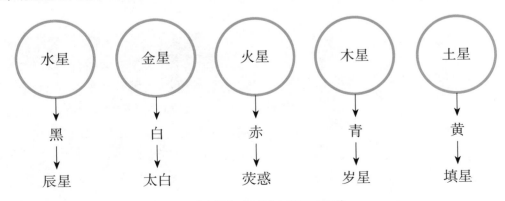

水星	金星	火星	木星	土星
黑	白	赤	青	黄
辰星	太白	荧惑	岁星	填星

▲ 《史记》中对五大行星的记载

在英语中，水星的名字是Mercury（墨丘利），在拉丁语中是Mercurius。墨丘利是古罗马神话中为众神传递信息的使者，他一般头戴一顶插有双翅的帽子，脚穿飞行鞋，手握商神杖，行走如飞。由于水星在天上运行的速度很快，所以就用了他的名字命名。在古希腊神话中，赫耳墨斯（Hermes）对应于古罗马神话中的墨丘利，无论是古罗马神

◀ 墨丘利

话还是古希腊神话，都把跑得飞快的传递信息之神与水星联系在一起。

■ 002

水星的天文符号是什么意思？

天文符号是天文学中用来表示各种天体、理论构造及观测事件的符号。水星的天文符号是墨丘利插有双翅的头盔和他的神杖。

▲ 水星的天文符号

■ 003

水星的轨道特殊在哪里？

水星是最靠近太阳的行星，也是太阳系最小的行星。水星公转轨道的近日点和远日点到太阳的距离分别是 0.310AU 和 0.470AU，到太阳的平均距离为 0.387AU，轨道偏心率是 0.205，轨道倾角（轨道平面对黄道面的倾角）为7°。水星绕太阳公转的周期为 87.97 天。

与太阳系其他行星相比，水星的轨道有几个"最"：轨道距离太阳最近，

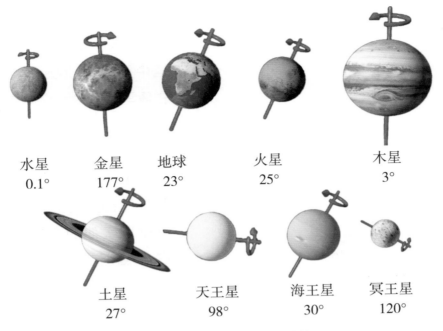

水星
0.1°

金星
177°

地球
23°

火星
25°

木星
3°

土星
27°

天王星
98°

海王星
30°

冥王星
120°

▲ 太阳系部分天体转轴倾角比较

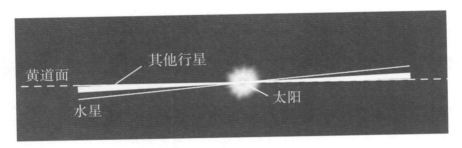

黄道面

其他行星

太阳

水星

▲ 水星与其他行星轨道倾角比较

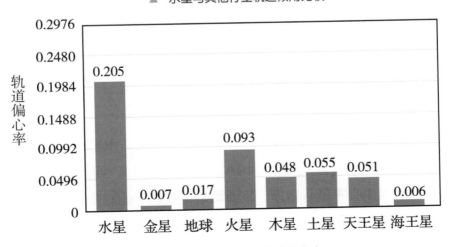

▲ 太阳系行星的轨道偏心率

轨道偏心率最大，轨道速度最快，轨道周期最短，转轴倾角（行星的赤道平面相对于轨道平面的倾斜角度）最小。

■ 004

为什么说在水星上"度日如年"？

在地球上，当人们遇到不顺心的事，心里很烦时，往往觉得时间过得慢，经常用"度日如年"来形容。可是，在水星上，这句话是"绝对真理"。

水星的自转周期约为 59 个地球日，公转周期约为 88 个地球日，即水星每绕太阳运行 2 周，绕自己的轴线旋转 3 周，一个水星日约等于 2/3 个水星年。此时，自转与轨道周期的关系是 3：2 的谐振。月球也存在自旋—轨道谐振关系，由于它每绕地球运行一周，正好围绕自旋轴转动一周，因此有 1：1 的谐振关系。大多数外行星的卫星也有这种类型的谐振。你看，如果你住在水星上，是不是会觉得度日如年呢？

水星的 3：2 谐振轨道示意图如下，箭头表示水星长轴的取向，开始时间取在中午，此时长轴水平向左。等到长轴的指向再次水平向左时，应是水星自转一圈，图中显示的是 59 天（地球日），此时是 2/3 个水星年。长轴再次水平向左时，位置在第二年图的第 118 天（地球日），此时是 4/3 个水星年。长轴第三次水平向左时是第 176 天（地球日），此时水星刚刚公转 2 周，即第 2 个水星年。

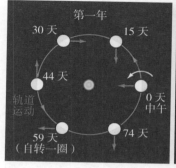
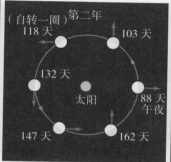
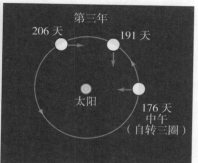

▲ 水星的 3：2 谐振轨道示意图

水星围绕太阳运行的速度有多快？

水星的平均轨道速度为 47.87 千米 / 秒，是地球的 1.606 倍。而在近日点的速度为 56.6 千米 / 秒，在远日点的速度也高达 38.7 千米 / 秒。水星是太阳系围绕太阳跑得最快的行星，如果飞机以水星的公转速度飞行，绕地球飞行一周不到 12 分钟，从北京到上海只需 25 秒，从北京到莫斯科只需 2 分钟，从北京到纽约的时间不到 4 分钟。

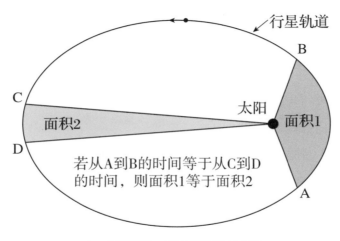

▲ 水星围绕太阳运行速度示意图

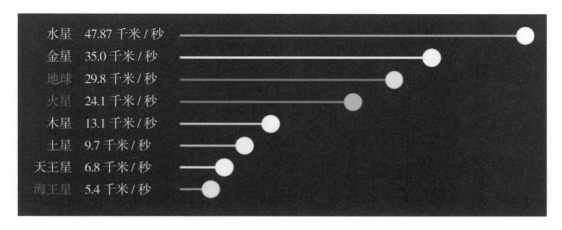

▲ 行星轨道速度

■ 006

为什么在水星通过近日点时
可看到太阳向后倒退？

这是由水星通过近日点时速度太大引起的。在到达近日点前，水星轨道速度基本等于它的自转速度，以至于太阳的视运动停止；在近日点时，水星的轨道速度超过自转速度，因此，太阳看起来会逆行（降落）；过了近日点后，水星的自转速度超过其轨道速度，太阳才恢复其正常的视运动（上升）。

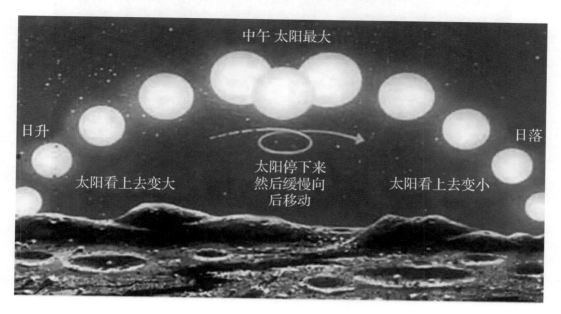

▲ 在水星上看到太阳向后倒退

■ 007

为什么在水星上的观察者
一天可看到2次日升或2次日落？

这都与近日点的速度有关。我们知道，水星自转3圈，围绕轨道跑2圈，看起来自转角速度比轨道角速度大。但仔细分析就会发现，水星的轨道速度变化是很大的，特别是在近日点附近，轨道速度可以等于自转速度，甚至超过自转速度，在近日点的速度是远日点速度的1.46倍，由于这样高的轨道速度，在水星上不同位置的观察者看太阳时，会见到一些匪夷所思的现象——在经度为 90° 的观察者将看见两次日升，而在经度为 270° 的观察者将看见两次日落。在近日点，水星的轨道速度比自转速度快得多，以至于在经度 90° 的观察者将目睹太阳升起、在天空悬停、落下，然后再次升起的景象；而在经度 270° 的观察者将看见日落、再次升起，然后再次日落。

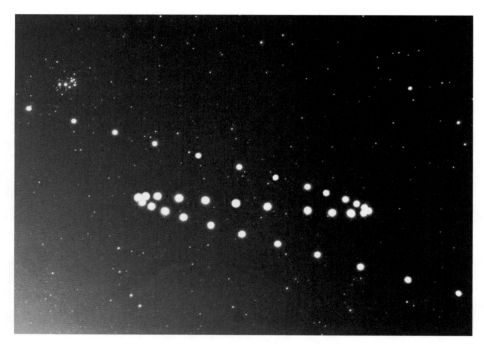

▲ 在水星上看到的太阳逆向运动

■ 008

水星在远日点时观察者将看到什么景象？

当水星运动到远日点时，在黎明前的表面温度最低，只有 −183℃。太阳在东方升起，缓慢地在天空运动。这时的太阳视直径很大，是在地球上看到的 2 倍，但天空是黑暗的，因为水星本质上没有大气层。在 22 个地球日以后，水星是早晨，表面温度将升高到合适的 27℃；再过 22 个地球日后是中午，太阳在它的天顶勾画出一个奇怪的环，发出了"你到达近日点"的信号，并完成了半个水星年的旅程。

■ 009

在地球上什么时候能看到水星？

水星是地球上最难观测的行星之一，因为它离太阳太近，总是被湮没在太阳的光辉里，只有水星和太阳的角距（从地球上观察时，行星和太阳之间分离的角度）达到最大（即大距）时，人们才最有希望目睹水星。水星在太阳东边称东大距，在太阳西边称西大距。水星东大距时，可以在黄昏时分西方地平线上找到水星；水星西大距时，水星则在黎明时在东方低空出现。

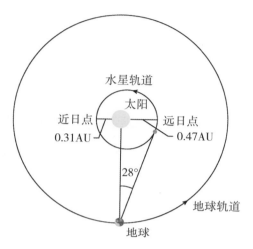

▲ 从地球看水星

2010 年 4 月 7 日，日落 30 分钟后

▲ 日落后观测到的水星和金星

■ 010

水星为什么没有四季变化？

想要知道水星为什么没有四季变化，要先了解地球为什么有四季变化。季节是每年循环出现的地理景观相差比较大的几个时间段。不同的地区，其季节的划分也是不同的。对地球温带地区而言，一年分为四季，即春季、夏季、秋季、冬季。

地球的四季是因为地球围绕太阳公转而形成的。由于黄赤交角的存在，造成太阳直射点在地球南北纬 23.44° 之间往返移动的周年变化，从而引起正午太阳高度的季节变化和昼夜长短的季节变化，造成了各地获得太阳能量多少的季节变化，于是形成四季的更替。

而水星的转轴倾角接近于零度，每年南北半球经历相同的温度循环，因此严格意义来说，水星没有四季变化。

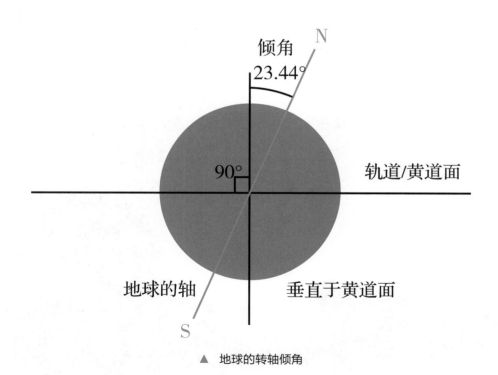

▲ 地球的转轴倾角

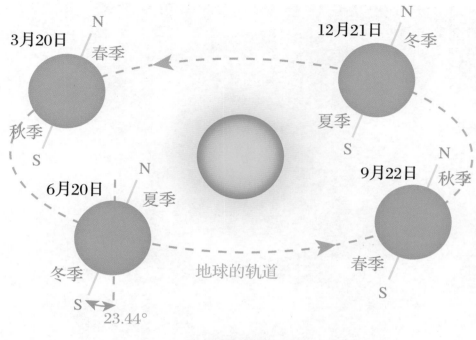

3月20日 N 春季

12月21日 N 冬季

秋季 S 夏季 S

6月20日 N 夏季

9月22日 N 秋季

冬季 S 春季 S

23.44°

地球的轨道

▲ 地球的四季变化

■ 011

水星凌日是如何形成的？

当水星走到太阳和地球之间时，我们在太阳圆面上会看到一个小黑点穿过，这种现象称为水星凌日，其原理和日食类似。不同的是水星比月亮离地球远，

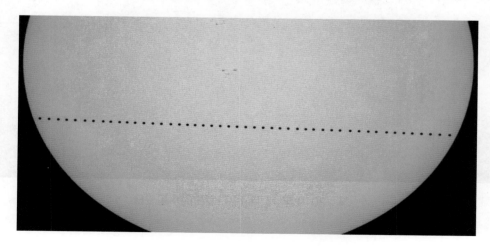

▲ 2016 年 5 月 9 日发生的水星凌日

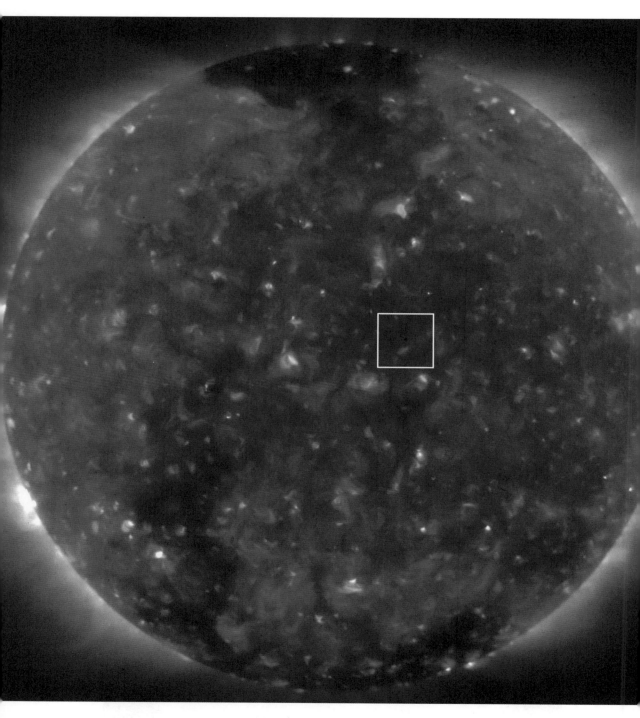

▲ 2019 年 11 月 11 日发生的水星凌日

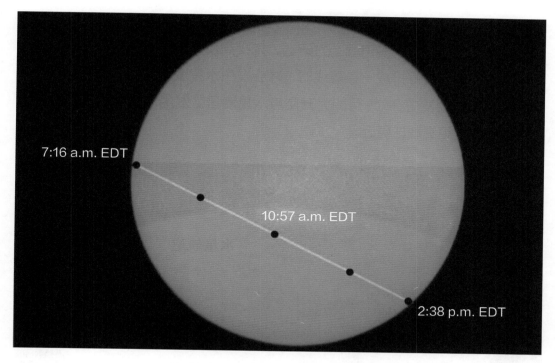

7:16 a.m. EDT

10:57 a.m. EDT

2:38 p.m. EDT

▲ 美国国家航空航天局 2016 年拍摄的水星凌日

视直径仅为太阳的 1/1900000，水星挡住太阳的面积太小了，不足以使太阳亮度减弱，所以，用肉眼是看不到水星凌日的，只能通过望远镜进行投影观测。

■ 012

水星凌日有什么规律？

在人类历史上，第一次预告水星凌日是"行星运动三大定律"的发现者，德国天文学家开普勒 (1571—1630)。他在 1629 年预言 :1631 年 11 月 7 日将发生稀奇天象——水星凌日。当日，法国天文学家加桑迪在巴黎亲眼看到有个小黑点 (水星) 在日面上由东向西徐徐移动。从 1631 年至 2003 年，共出现 50 次水星凌日。其中，发生在 11 月的有 35 次，发生在 5 月的仅有 15 次。每 100 年，平均发生水星凌日 13.4 次。

在目前及以后的十几个世纪内，水星凌日只可能发生在 5 月或 11 月。这是因为，水星轨道与黄道面之间是存在倾角的，这个倾角大约为 7°。这就造成了水星轨道与地球黄道面会有两个交点，即升交点和降交点。水星过升交点即为从地球黄道面下方向黄道面上方运动，降交点反之。只有水星位于地球和太阳中间，而三者恰好排成一条直线时，才会发生水星凌日。发生在 5 月的为降交点水星凌日，发生在 11 月的为升交点水星凌日。发生在 5 月的水星凌日更为稀少，水星距离地球更近。

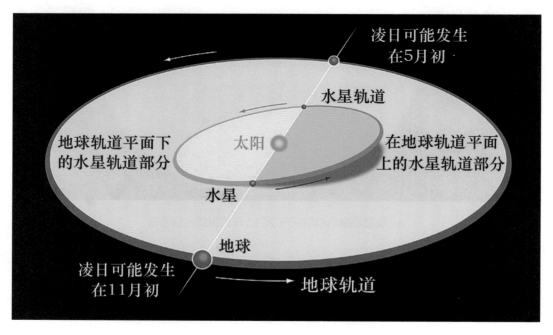

▲ 水星凌日发生时间示意图

水星凌日发生的周期同样遵循如日月食那样的沙罗周期。在同一组沙罗周期内的水星凌日的发生周期为 46 年零 1 天又 6.5 小时左右。但是这个 46 年的周期中如果有 12 个闰年，周期即为 46 年零 6.5 小时左右。在 2020 年以后发生的 10 次水星凌日时间分别是：2032 年 11 月 13 日、2039 年 11 月 7 日、2049 年 5 月 7 日、2052 年 11 月 9 日、2062 年 5 月 10 日、2065 年 11 月 11 日、2078 年 11 月 13 日、2085 年 11 月 7 日、2095 年 5 月 8 日以及 2098 年 11 月 10 日。

小贴士

沙罗周期，天文学术语，为日食和月食的周期，是指长度约 6585 天的一段时间间隔，每过这段时间间隔地球、太阳和月球的相对位置又会与原先基本相同，因而前一周期内的日、月食又会重新陆续出现。每个沙罗周期内约有 43 次日食和 28 次月食。

■ 013

水星的轨道变动有什么影响？

水星拥有太阳系 8 大行星中偏心率最大的轨道，通俗地说，就是它的轨道的椭圆是最"扁"的。而最新的计算机模拟显示，在未来数十亿年间，水星的这一轨道还将变得更扁，使其有 1% 的机会和太阳或者金星发生撞击。更让人担忧的是，在外侧的巨行星引力场的共同作用下，水星这样混乱的轨道运动将有可能打乱内太阳系其他行星的运行轨道，甚至导致水星、金星或火星的轨道发生变动，并最终和地球发生相撞。

■ 014

水星的近日点位置为什么会变化？

根据牛顿的万有引力定律计算，水星轨道应该是一个封闭的椭圆。然而，实际观测表明，水星轨道不是一个封闭的椭圆，轨道的近日点不断向前移动（进动），进动速率是 1°33'20"/100 年。进动的原因是由于作用在水星上的力除了太阳引力外，还有其他各个行星的引力。后者很小，所以只引起缓慢的进动。根据牛顿引力理论计算，由地球以及各行星引起的水星轨道的进动，总效果应当是 1°32'37"/100 年，而不是 1°33'20"/100 年。二者之差虽然很小，只有 43"／100 年，但是已在观测精度不容许忽略的范围了。那么，每 100 年多出的这 43" 到底是什么原因呢？

1915 年，爱因斯坦创立了广义相对论。在他没有完成广义相对论之前，就知道水星轨道这 43" 的进动值没有得到解释。根据广义相对论，水星公转一

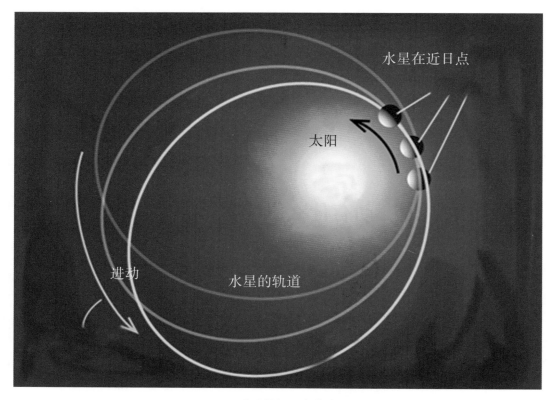

水星在近日点

太阳

进动

水星的轨道

▲ 水星的近日点进动

圈后近日点的进动值与观测值十分接近，成为天文学对广义相对论的最有力的验证之一。

■ 015

水星有多大？

水星是太阳系最小的行星，直径只有 4878 千米，大约是地球直径的 1/3，体积只有地球的 6%，因此几乎 18 个水星才能构成一个地球。

■ 016

水星有多重？

水星的质量是地球的 0.055 倍，实际上，地球的质量不仅比水星大得多，也比金星和火星大得多，这 3 颗行星再加上月球的质量，才达到地球质量的 98.9%。

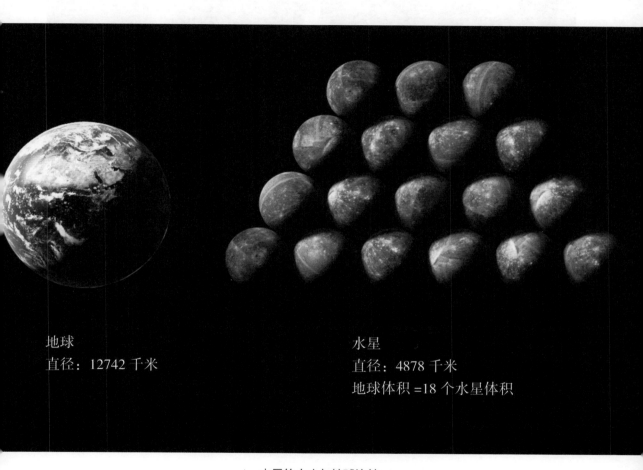

地球
直径：12742 千米

水星
直径：4878 千米
地球体积 =18 个水星体积

▲ 水星的大小与地球比较

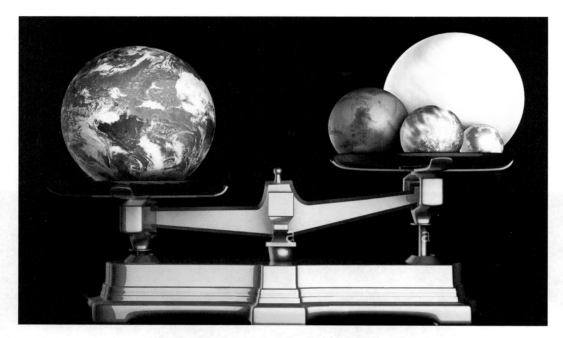

▲ 地球质量与其他三颗类地行星、月球质量比较

■ 017

为什么水星的密度那么大？

水星直径为 4878 千米，质量为 3.30×10^{23} 千克，表面重力加速度为 3.70 千米 / 秒 ^{2}。水星的密度为 5.42 克 / 厘米 ^{3}，仅次于地球的密度，远高于月球的密度。地球的平均密度为 5.51 克 / 厘米 ^{3}，由于地球很大，内部的压力极高，因此在地球深处岩石或金属的密度高于地球表面同类岩石或金属的密度。当根据地球的压力梯度对这个密度进行矫正时，地球未被压缩的平均密度只有 4.00 克 / 厘米 ^{3}。水星的体积远小于地球，内部压力比地球的内部压力低得多。如果考虑这个因素，水星未被压缩的平均密度仍高于 5.30 克 / 厘米 ^{3}，高于地球的未压缩平均密度。这意味着，水星在很大程度上是由重元素组成的。铁是太阳系中丰度最大的重元素，是流星体和类地行星的重要成分。地球的地震学数据也显示，地核大部分是由铁构成的。

小贴士

丰度是指一种化学元素在某个自然体中的重量占这个自然体总重量的相对份额（如百分数）。

由此可以推断，水星的高密度主要起因于铁的含量高，铁大约占水星重量的70%，只有30%的重量来自岩石物质。水星单位体积内铁的含量是太阳系其他行星或卫星的2倍以上。水星中的铁大概集中于核，核的直径大约是水星直径的75%，构成了水星大约42%的体积。与地球对比，地球的铁核大

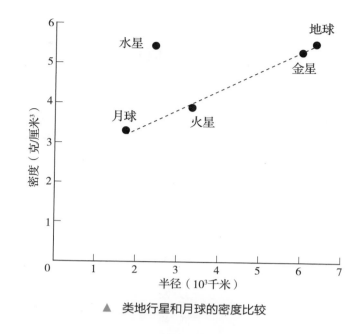

▲ 类地行星和月球的密度比较

约是地球直径的54%，但仅构成地球16%的体积。水星怎样获得如此大的铁核？这个问题对研究水星的起源有重要意义。

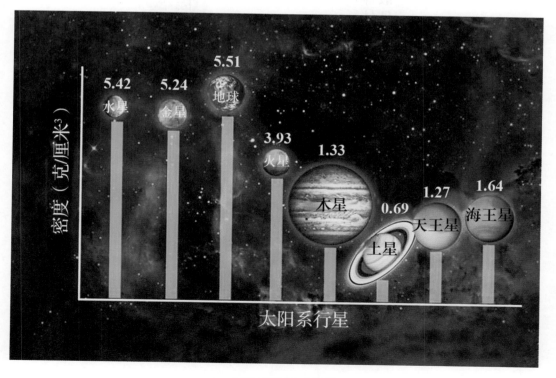

▲ 太阳系行星密度比较

■ 018

水星内部结构是什么样的？

　　水星的内部结构与地球的内部结构有很大不同，水星与地球内部结构的比较是根据"信使号"探测器获得的数据绘制的。与地球相比，水星内部金属物质与岩石物质体积相对比较大。水星还有一个固体的硫化铁层，位于核的顶部。这个固体层的存在对水星内部的温度有重要的强制作用，可能会影响水星磁场的产生。下图同时给出了地球和水星相对的径向大小。

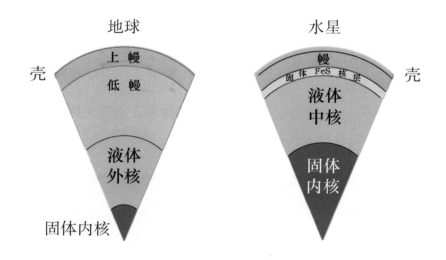

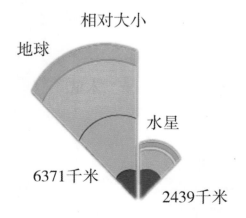

▲　水星与地球内部结构的比较

■ 019

水星的温度变化范围为什么那样大？

在最极端的地方，如赤道区域，水星的表面温度为 -173℃ 至 427℃；在两极，它永远不会超过 -90℃，因为在赤道和两极之间没有大气层和陡峭的温度梯度。在近日点中，日下点温度达到约 427℃，但在远日点则只有 277℃，在行星的暗面，平均温度为 -163℃。水星表面的阳光强度是太阳常数（在日地平均距离上，地球大气顶界垂直于太阳光线的单位面积每秒钟接受的太阳辐射，1370 瓦特 / 米^2）的 4.59 到 10.61 倍之间。

卡洛里盆地是水星最热的地方，中午最高气温 427℃，岩石中的铅、锡被强烈的阳光熔化析出，汇聚成金属液潭。

造成水星温度变化大的原因有三个：第一，它离太阳很近，接收到强烈的热辐射；第二，它旋转得如此之慢，以至于一个半球在很长一段时间内都远离太阳，在这段时间里它不会被加热；第三，行星周围没有大气层来传递热量。

可以这样概括水星的温度变化：

烈日之下铅锡流，一见星光进隆冬。

生就一副铁心肠，度日如年仍从容。

卡洛里盆地

◀ 水星的卡洛里盆地

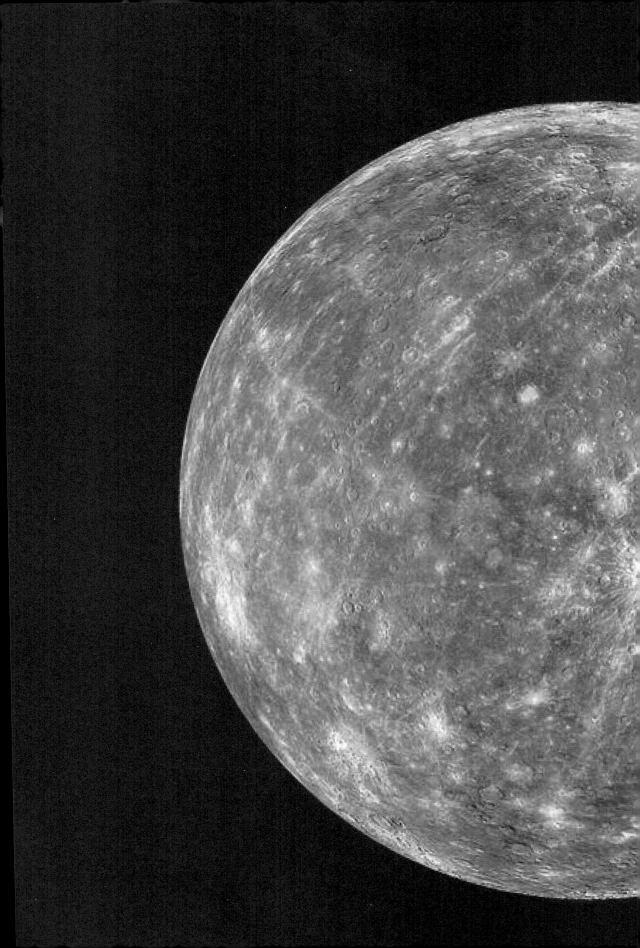

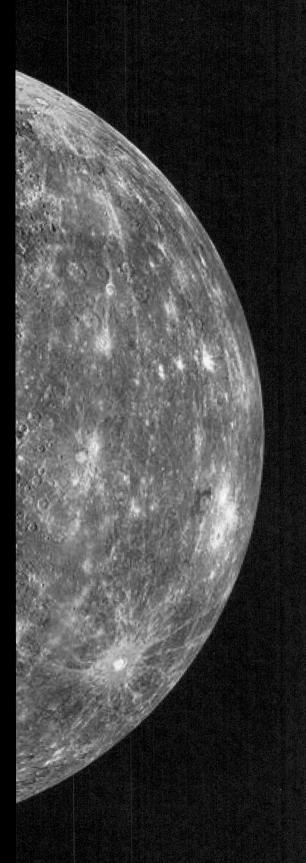

 第 2 章

水星的**全貌**

- - - - - - - - - - - - - - - - - - -

水星虽小，但很有特色。水星内部有
巨大的铁核，磁场强度约是地球的
1%；水星外观很像月球，表面有许
多坑穴，没有天然卫星，也没有实际
的大气层，水星的表面呈现出像海的
广大平原和大量的撞击坑，显示它数
十亿年来都处于非地质活动状态。

- - - - - - - - - - - - - - - - - - -

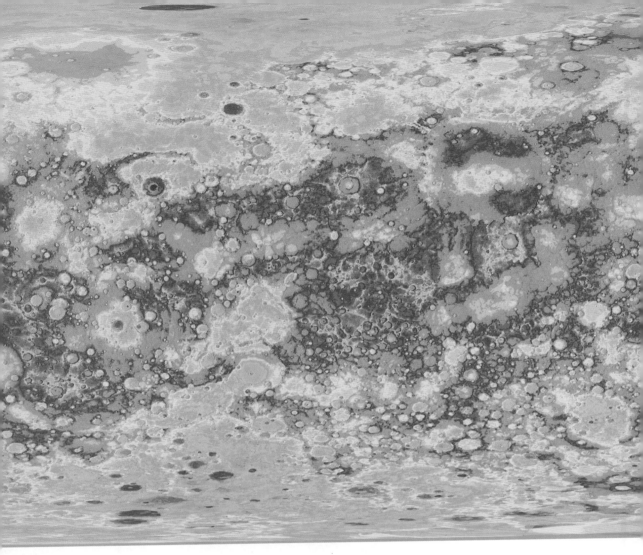

▲ 水星展开图

▲ 水星全图

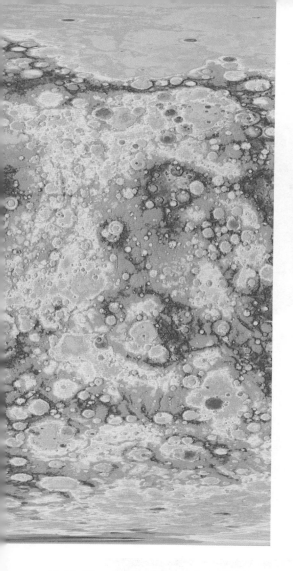

> 水星虽小，但很有特色。
> 身材矮小面铁青，
> 浑身布满陨石坑。
> 亮坑向外发射线，
> 酷似水星一盏灯。

■ 020

水星全球地形地貌有什么特点？

水星的地形地貌具有与其他类地行星的共同点，如有平原、山脉、陨石坑和峡谷等，另外也有自己的特点，如山脉不是很高，全球最高处只有 4.48 千米。山脉的分布主要集中在中低纬地区，高纬和极区却比较平坦。陨石坑的数量比较多，但数量远远少于月球。此外，水星也有自己特有的地貌，如明亮反射地形、黑暗反射地形、皱脊及"蜘蛛"地形等。

■ 021

水星全图是什么样的？

美国"水手 10 号"探测器虽然三次飞越水星，但只获得水星表面不到 50% 的图像。"信使号"探测器自 2008 年 1 月 14 日第一次飞越水星，到 2015 年 4 月 30 日完成使命撞击水星，获得了大量的图像，使人们能完整地看到水星的全貌。下页是水星全球图，一幅黑白，一幅彩色。这幅图是在 2013 年完成的，由几千幅图像组成，比以往公布的图像更完整，对水星表面的覆盖率为 100%。

▲ 水星全球图

■ 022

由水星全球形态彩色平面图可获得哪些信息？

这张高分辨率的彩色平面图是由"信使号"探测器获得的大量数据组合而成的，从中可以看出水星表面许多重要的特征：（1）极区陨石坑密度比较大；（2）至少有 5 个陨石坑周围显示出明亮的射线状结构；（3）右边中上部显示了巨大的卡洛里盆地。

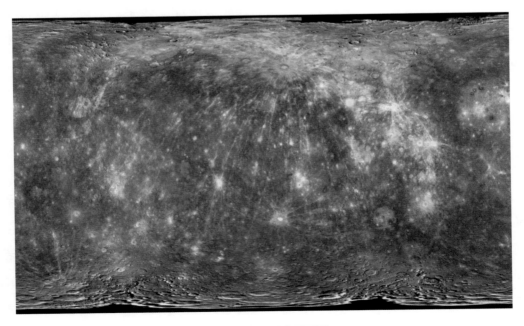

▲ 水星全球形态平面图

■ 023

水星的真实颜色是什么样的？

在人眼看来，尤其是与地球这样的行星相比较时，水星的颜色变化不大。但是，当把许多彩色滤光片的图像组合在一起时，水星表面的特性差异可以创造出一种引人注目的图像。下面展示的是泰戈尔陨石坑的两幅彩色照片，左边的图像是将三个广角相机过滤器的图像组合成红色、绿色和蓝色的通道，作为人眼可见颜色的一般表示。右边的图像是通过统计比较和对比所有 11 个广角相机的窄带颜色滤光片所拍摄的图像，这些图像不仅对光谱的可见光部分敏感，而且对人眼无法看到的光线也很敏感。这种方法大大增加了水星表面岩石的微妙颜色差异，从而洞察了水星表面的组合变化及造成这些颜色差异的地质过程。在泰戈尔陨石坑的底部可以看到两个山脊的交叉点。

▲ 泰戈尔陨石坑底部的颜色

▲ 水星真实颜色图

■ 024

伪彩色水星全图有什么用途?

这幅图看上去有点奇怪,水星的颜色怎么花里胡哨的?这是对水星的多光谱成像,这种图含有丰富的水星表面成分信息,专业人员通过这类图形,可以了解水星表面有哪些矿物成分,对研究水星有重要意义。

▲ 水星表面地貌和成分特征

■ 025

不同经度的水星图形有什么特点?

下图给出不同经度的水星全图,每幅图中心的纬度都是 0°,中心的经度分别是 0°、90°、180° 和 270°。根据这 4 幅图,人们可以清楚地看到有特色地貌的确切位置,比平面图更方便。

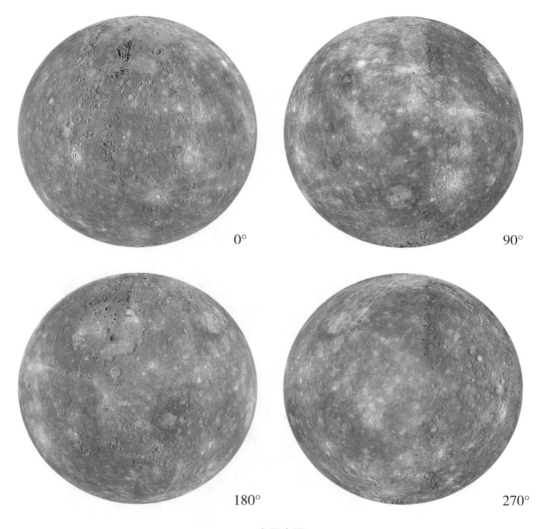

0°　　　90°

180°　　　270°

▲ 水星全图

■ 026

水星东半球有哪些特征?

由水星东半球（图的中心是纬度 0°，经度 120°）图形可看出几个显著特征:（1）最显著特征是中上部的卡洛里盆地，在北半球处于主导地位;（2）在卡洛里盆地以南有一个直径为 225 千米的莫扎特陨石坑;（3）指向中心的是具有低反射性物质环的托尔斯泰陨石坑;（4）沿着全球东边缘的是贝多芬陨石坑，直径 643 千米，是太阳系中第十一大撞击坑，也是水星上第三大撞击坑。

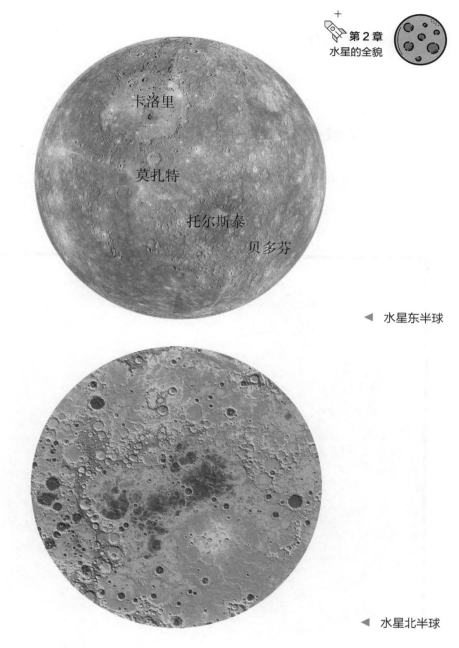

卡洛里

莫扎特

托尔斯泰

贝多芬

◀ 水星东半球

◀ 水星北半球

■ 027

水星北半球有哪些特征？

由水星激光高度计获得的北半球图像，中心纬度为北纬 90°，中心经度为西经 0°，纬度范围是北纬 45° 到北纬 90°。

水星北半球整体上比较平坦，山脉少，但陨石坑比较多，大部分地区是低洼平原。最低区域用紫色表示，最高区域用红色表示，最低与最高处的高度差大约 10 千米。突出特征是平滑的火山平原和令人难以捉摸的北部隆起。北极附近的陨石坑底部含有水冰，用雷达看上去是明亮的。

■ 028

水星北极有哪些特征？

从水星北极地区图可看出水星北极有几个主要特征：（1）北极附近地形平坦、低洼；（2）极区附近有较多的陨石坑；（3）低纬山脉较多，陨石坑较大。

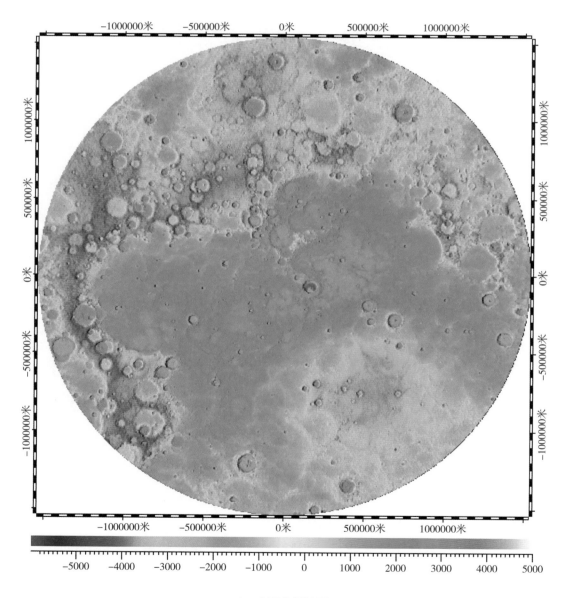

▲ 水星北极地区

■ 029

水星北极有哪些著名的陨石坑？

水星北极附近还是有不少"名人"的。图中心比较大的陨石坑叫普罗科菲耶夫（Prokofiev）陨石坑，普罗科菲耶夫是一位苏联作曲家，曾被授予"斯大林奖"，死后被追授"列宁奖"。接近北极的陨石坑叫托尔金（Tolkien）陨石坑，托尔金是英国作家、诗人、语言学家，同时也是大学教授。右上角的陨石坑叫吉川英治（Yoshikawa）陨石坑，这是以一名日本小说家命名的。中间的中等陨石坑名字是康定斯基（Kandinsky）陨石坑，以俄罗斯一位画家命名。右下角的陨石坑是高迪（Gaudi）陨石坑，高迪是西班牙建筑师，"加泰罗尼亚现代主义"的最佳实践者，为新艺术运动的代表性人物之一，以其复杂、新颖、独树一帜、个人色彩强烈的建筑作品知名，被誉为"上帝的建筑师"，其作品多位于巴塞罗那，如圣家堂。

▲ 水星北极附近的陨石坑

■ 030

水星北极陨石坑坑底含有水冰吗？

很多年前，人们在水星的北极地区发现了具有雷达亮度的物质，从那以后，科学家们推测水冰可能隐藏在永久阴影区域。来自"信使号"探测器的最新数据证实了水星北极永久阴影陨石坑中确实存在着水冰和有机物质。科学家们认为，水星在两极可能容纳 1000 亿到 10000 亿吨的水冰，在某些地方，水冰可能深达 20 米。此外，覆盖在冰层上的耐人寻味的深色物质可能含有其他挥发物，如有机物。

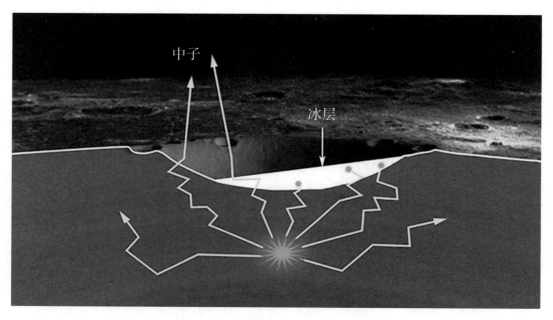

▲ 中子谱仪测量到水星北极含有水冰和其他挥发物

■ 031

水星南极有什么特征？

从水星南极地区的彩色图中我们可以看到水星南极地区具有 3 个特征：（1）在极区中心有一个较大的陨石坑，这个陨石坑以中国古代画家赵孟頫的名字命名；（2）在这个大陨石坑周围，地势比较平坦；（3）左半部高山多坑，右半部低洼平坦。

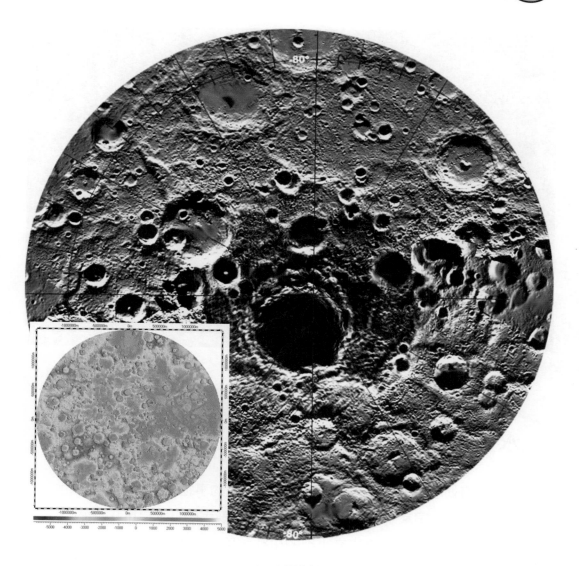

▲ 水星南极

■ 032

水星南极陨石坑底含有水冰吗？

下页图显示的是水星的南极区域的正投影，图上显示为白色的区域是永久阴影区域。在图像中心附近最大的永久阴影区域是在赵孟頫陨石坑的内部，这个位置有大量的水冰的证据。

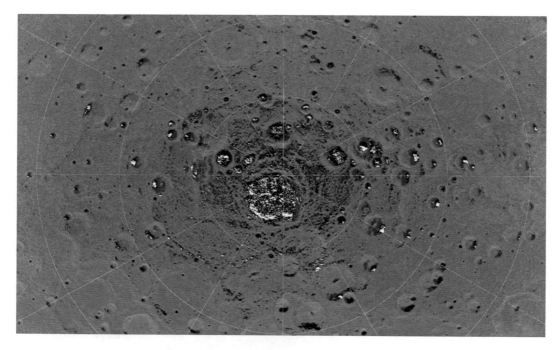

▲ 水星南极的水冰

■ 033

水星一直在收缩吗？

事物一直处于发展变化之中，没有永恒不变的事物。宇宙中的星球也是在不断地变化，美国国家航空航天局探测器最新发现表明，水星正在收缩。

美国卡内基研究所一个研究小组的研究结果称，水星的直径与大约 40 亿年前相比，减小了约 14 千米。

水星直径大约 4878 千米。一般认为，水星的中心核在冷却过程中发生微小收缩，变形的地壳导致水星表面呈现出很多褶皱。该研究小组通过模拟行星内部热力变化等，推算出其直径缩小幅度为 10 千米至 20 千米。不过，通过分析美国国家航空航天局"水手 10 号"探测器于 1975 年拍摄的水星地表图可以发现，水星直径的缩小幅度最大为 6 千米。

由于两组数据有所差别，水星直径缩小幅度成为一个谜。美国国家航空航天局发射的"信使号"探测器于 2011 年进入水星环绕轨道探测。该研究小组通过分析"信使号"探测器发回的数据，计算水星地表整体的褶皱形成情况，

最终得出其直径缩小幅度最大为 14 千米的结论。

水星巨大铁核的冷却使这个行星的直径减少了 14 千米，比以前预计的两倍还多。与一个行星的尺寸相比的确是很小，但这种变化很可能会产生影响。科学家为了计算出水星到底缩小了多少，研究了水星上的峭壁、纹脊等 5900 多项表面特征。

地球有好几层外壳，而水星不同，只有一层坚硬的岩石层，上面的峭壁和裂口能显示水星表面与地球的不同之处，水星的岩石圈——相当于地球的地壳——是由单一板块组成的，而不是由多个板块拼成。为了弄清楚水星是否发生了收缩，研究者对其构造特征进行了观察，这些构造包括瓣状裂谷和皱脊等，其形成原因是内部冷却和表面的压缩。在水星表面上，这些构造的特征呈现为长度 8 千米到 885 千米以上的长带状地形。

▲ 正在不断收缩的水星

■ 034

水星收缩会产生什么效应？

这张图片显示了水星上一长串的山脊和陡坡，它们被称为褶皱和逆冲带。这条辐射带绵延 540 千米，颜色对应海拔高度——黄绿色高，蓝色低。

"信使号"探测器的全球成像和地形数据显示，这颗行星的收缩幅度远远超过此前的估计。这一结果是基于对 5900 多处地质地貌的全球研究得出的，这些地貌包括弯曲的悬崖状陡坡和皱纹状山脊，都是由于水星冷却时收缩而形成的。这些发现发表在 2014 年 3 月 16 日 的《自然地球科学》（*Nature Geoscience*）网络版上，对于理

▲ 水星收缩产生的效应

解水星的热能、构造和火山历史及异常巨大的金属内核的结构至关重要。

■ 035

为什么水星表面有些地方看上去是新的，
而另一些地方是古老的？

约翰逊航天中心的科学家们解开了一个长期以来的谜团，即为什么水星表面有些地方看起来是新的，但有些似乎已经老了。

研究表明，水星上较老的地形是由物质在地核和地幔之间的边界深处熔化形成的，而较年轻的地形则是在靠近地表的地方形成的。

古老区   陨石坑密集区

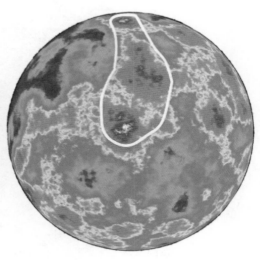

▲ 水星古老的地区（白线标出的区域）

■ 036

水星的内部结构是什么样的？

与月球和地球不同的是，水星没有地震，因此我们无法对其内部结构进行成像。幸运的是，地质学家还有其他方式来推测内部结构，如行星的惯性矩、重力、磁场、表面组成和容积密度。通过使用这些方式，以及目前对类地行星的了解，科学家已经绘制出水星内部结构图。

水星的核与太阳系中的其他行星核不同。地球有一个金属的、液态的外核，内部有一个坚固的内核。水星表面有坚硬的硅酸盐外壳和地幔，覆盖着固体、铁硫化物的外层核心层和更深的液体核心层，除此之外，可能还有一个坚固的内核。

水星的内部结构根据化学和机械性质被划分成不同的层，与其他类地行星的结构相似。在化学上，水星分化为半径在 2000 千米左右的非常大的富铁核，由贫铁和富镁硅酸盐组成的 400 千米厚的地幔，以及平均厚度在 35 千米左右的薄的低密度富硅地壳。在机械上，水星的核心被划分为一个半径在 1000 千

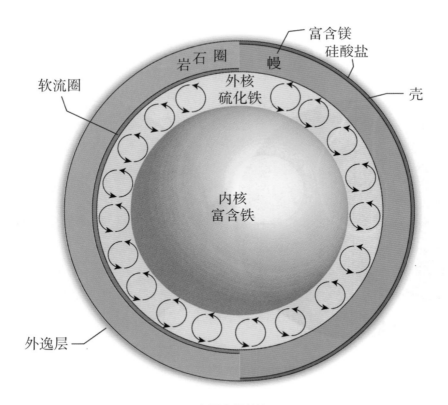

▲ 水星内部结构

米到 1500 千米之间的固体内核。外核可能是一种硫化铁的对流液体，产生磁场。在岩心上方，有一个薄而弱的软流圈和较厚的刚性岩石圈。水星有一个由暂时从表面固体中除去的离子组成的稀薄的外逸层。

■ 037

水星表面的多光谱图有什么用途？

水星大气和表面合成光谱仪收集数百种不同波长的光（从紫外线到近红外光谱），以探测水星表面的矿物学。这些光谱通过将不同波长或波长的组合绘制成红色、绿色和蓝色，从而使人眼能够分辨出它们。这些五颜六色的"烟花"是由于表面上的物理性质和化学的差异结合而产生的，这些差异包括矿物学多样性和陨石坑的年龄。因为不同矿物发出辐射都有确定的波长，我们正是根据波长的差别，辨别出各种矿物。

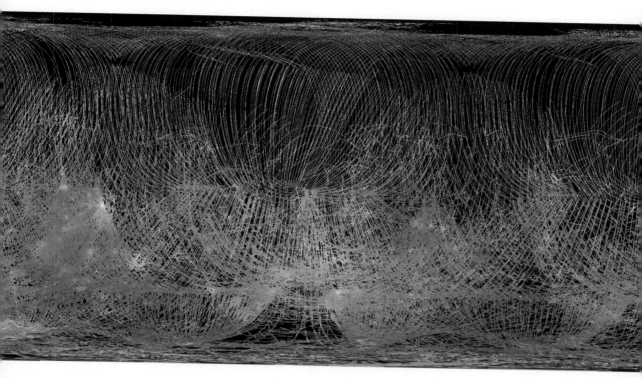

▲ 水星表面多光谱图

■ 038

水星存在重力异常吗?

通过对无线电跟踪数据的分析,可以得出水星的重力场分布图。在这张图片中,用不同颜色显示水星的重力异常情况。红色区域表示质量集中,中心在卡洛里盆地(中心)和索贝克区域(右侧),这种大尺度的重力异常是地下结构和演化的特征。在这个视图中,北极靠近太阳照射区域的顶部。

▶ 水星的重力场分布图

■ 039

水星有磁场吗？

根据 20 世纪 70 年代"水手 10 号"探测器对水星的探测，水星确实存在着磁场，并且是与地球相似的两个磁极的偶极磁场，极性也相同，即水星磁场的南极在水星的北半球，其磁场北极在南半球。

水星磁场强度大约是地球的 1.1%，在水星的赤道，磁场的相对强度大约是 300 纳特斯拉。根据"水手 10 号"探测器返回的资料，水星的磁场虽然相较于地球的磁场非常微弱，但是这样的磁场强度依然可以偏转太阳风辐射的方向，诱发出磁层。因为水星磁场的微弱，相对于行星际磁场在轨道的交互作用就比较强烈。例如，太阳风在水星轨道上的动力学压力是地球的三倍。水星的磁场之所以比地球的微弱，可能是因为它的核心冷却和凝固得比地球更冷和更快。此外，科学家们已经发现水星的磁场比木星的天然卫星木卫三还要微弱。

水星磁场的发现，是"水星内部是一个高温液态的金属核"猜测的有力证据。

▲ 水星的磁场

■ 040

水星的磁层是什么样的？

水星的磁场和由此产生的磁层，是由水星磁场与太阳风相互作用产生的，在很多方面都是独一无二的。水星的磁场与地球磁场的"偶极子"形状相似，它类似于地球中心有一个巨大的条形磁铁的磁场。相比之下，金星、火星和月球并没有显示出固有的两极磁场的证据，但月球和火星上有证据表明，以不同岩石沉积物为中心的局部磁场是存在的。

尽管水星的磁场被认为是地球磁场的一个微型版本，但是"水手 10 号"探测器并没有很好地测量水星的磁场，磁场的强度和来源甚至有相当大的不确定性。"信使号"探测器飞越水星证实，水星有一个全球磁场。

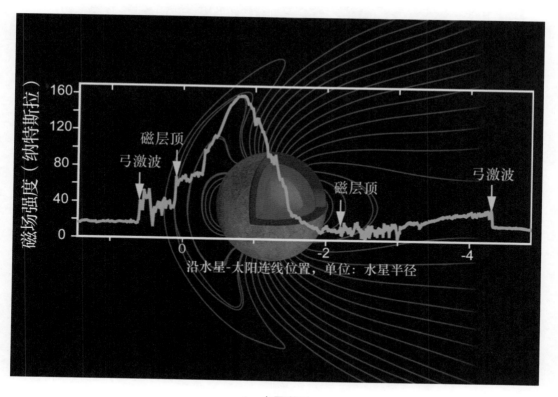

▲ 水星磁层

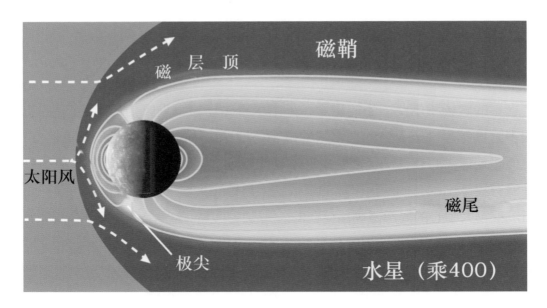

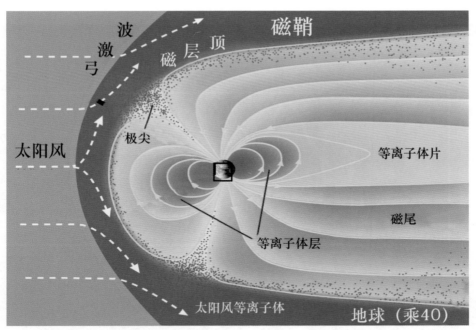

▲ 水星磁层与地球磁层比较

■ 041

水星的钠磁尾

这张照片是由"信使号"探测器上的水星大气和表面合成光谱仪（MASCS）的紫外和可见光谱仪（UVVS）在 4 年时间内所做的数千次观测拼接而成的，测量的是分散在水星的稀薄大气散射的阳光。散射的阳光使钠呈现出明亮的橙色光辉。这种散射过程也给了钠原子一种推力，这种"辐射压力"在水星一年的部分时间里足够强，可以剥去大气层中钠原子的外层电子，给水星一个长长的发光尾巴。在每年合适的时间，在水星夜边可以看到一种微弱的橙色，类似于城市中被钠灯照亮的天空。

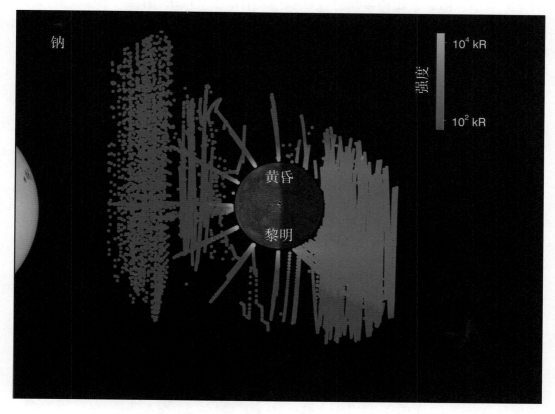

▲ 水星的钠磁尾

■ 042

水星有大气层吗?

水星有一个非常脆弱且高度变化的大气，主要成分包括氢、氦、氧、钠、钙、钾和水蒸气，总压力水平约为 10^{-14} 巴。

在 1974 年之前，水星是否存在大气层是有争议的，但当时已经形成了一种共识，即水星和月球一样，缺乏实质性的大气层。这一结论在 1974 年得到证实，当时"水手 10 号"探测器只在水星表面发现了一个稀薄的外层。后来，在 2008 年，"信使号"探测器更进一步地测量，在水星的外大气层中发现了镁。

水星的外层由来自太阳风或水星壳的各种各样的成分组成。发现的第一批成分是原子氢、原子氦和原子氧，这些都是 1974 年"水手 10 号"探测器的紫外辐射光度计观测到的。据估计，这些元素的近地表浓度是：氢为 230 个 / 厘米 ^{3}，氧为 44000 个 / 厘米 ^{3}，氦的丰度处于中间。2008 年，"信使号"探测器确认了原子氢的存在，尽管它的浓度似乎高于 1974 年的估计值。根据分析，水星的外层氢和氦来自太阳风，而氧很可能是由水星壳产生的。

在水星的外层中检测到的第四个成分是钠，这个元素的平均柱密度（柱密度指单位面积为底面的整个柱状区域中物质的数量）大约是 1×10^{11} 个 / 厘米 ^{2}。人们观察到钠会集中在极区，形成明亮的斑点。

在钠被发现一年后，在外层中又发现了钾，柱密度比钠的含量低 2 个数量级。这两个元素的属性和空间分布非常相似。在 1998 年，另一个元素钙被检测到，柱密度比钠的密度低 3 个数量级。2009 年"信使号"探测器的观测显示，钙主要集中在赤道附近，与钠和钾的观察结果相反。

2008 年，"信使号"探测器的快速成像等离子光谱仪（FIPS）在水星附近发现了几个分子和不同的离子，包括电离的水蒸气（H_2O^+）和电离的硫化氢（H_2S^+）。其他离子，

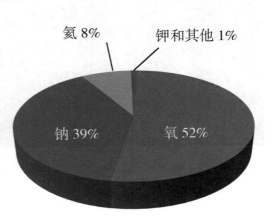

▲ 水星大气层主要成分

如水合氢离子（H$_3$O$^+$）、羟基（OH）、氧分子离子（O$_2^+$）和硅离子（Si$^+$）也存在。在 2009 年的飞行中，"信使号"探测器上的水星大气和表面合成光谱仪（MASCS）的紫外和可见光谱仪（UVVS）通道首次揭示了镁在水星外层中的存在。这种新发现的成分的近表面丰度与钠大致相当。

■ 043

水星表面的温度是怎样变化的？

由于大气层极为稀薄，无法有效保存热量，水星表面昼夜温差极大，为太阳系行星之最。白天赤道地区温度可达 430℃，夜间可降至 −170℃，极区气温则终年维持在 −170℃ 以下。

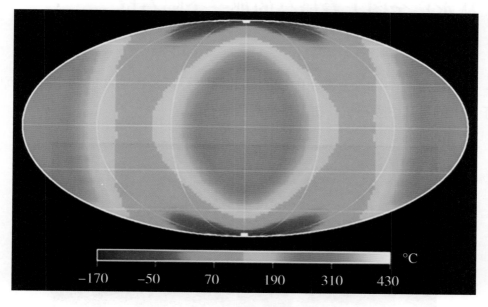

▲ 水星表面温度

■ 044

水星地质演化有什么特点？

水星的地质历史从最老到最年轻可以划分为前托尔斯泰纪（pre-Tolstojan）、托尔斯泰纪（Tolstojan）、卡洛里纪（Calorian）、曼修灵纪

（Mansurian）和开伯纪（Kuiperian），这些是相对纪年。

　　水星在46亿年前形成以后受到大量彗星和小行星撞击。最后的强烈撞击阶段是后期重轰炸期，大约在38亿年前停止。有些区域或地块，如卡洛里盆地，被水星内部流出的熔岩充填，因此形成了类似月球上月海一样的平原。

　　之后，当水星冷却和收缩时，水星表面开始出现破裂并形成山脊，这些地表特征可以在水星表面其他地形特征较高的地方看到，如撞击坑和熔岩平原，代表这是更年轻的地表特征。

　　水星的火山活动期在其地幔收缩到足以避免更多的岩浆从水星表面破裂流出为止。这可能发生在水星形成后7亿到8亿年之间。

■ 045

从水星全图上看最亮的那三个陨石坑叫什么名字？

　　在水星全图中，上面发出射线的是北斋陨石坑；在下面的两个陨石坑中，位于左上的是开伯陨石坑，右下是德彪西陨石坑。

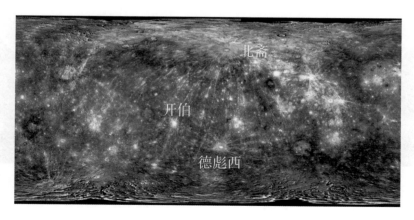

▲ 水星全图

■ 046

水星有多少个撞击盆地？

　　根据目前的观测结果，水星上有15个撞击盆地，其中最大的前6个撞击

盆地分别是卡洛里盆地（直径 1550 千米）、伦勃朗盆地（直径 715 千米）、贝多芬盆地（直径 643 千米）、陀思妥耶夫斯基盆地（直径 400 千米）、托尔斯泰盆地（直径 390 千米）和歌德盆地（直径 383 千米）。

■ 047
水星有多少个悬崖？

悬崖也称断崖或峭壁，目前水星已经正式命名的悬崖有 31 个。悬崖因断层或侵蚀引起，将两片相对平整的陆地隔开形成不同的海拔高度。悬崖通常要么是由沉积岩的侵蚀作用所引起，要么是由于行星壳沿着断层垂直移动而造成。水星上的悬崖多以著名的探险家的船只命名，悬崖的名称有冒险号悬崖、星盘号悬崖、小猎犬悬崖、发现号悬崖、奋进号悬崖、企业号悬崖、圣玛利亚号悬崖、维多利亚号悬崖及沃斯托克号悬崖等。

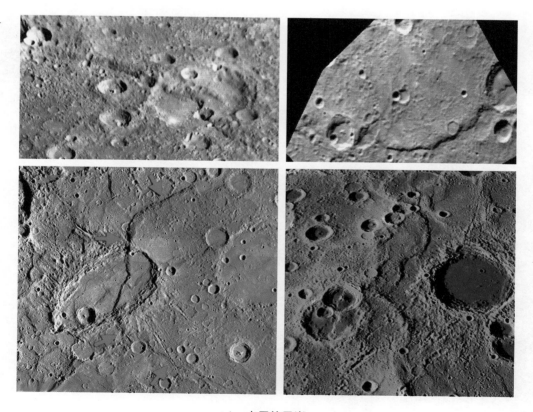

▲ 水星的悬崖

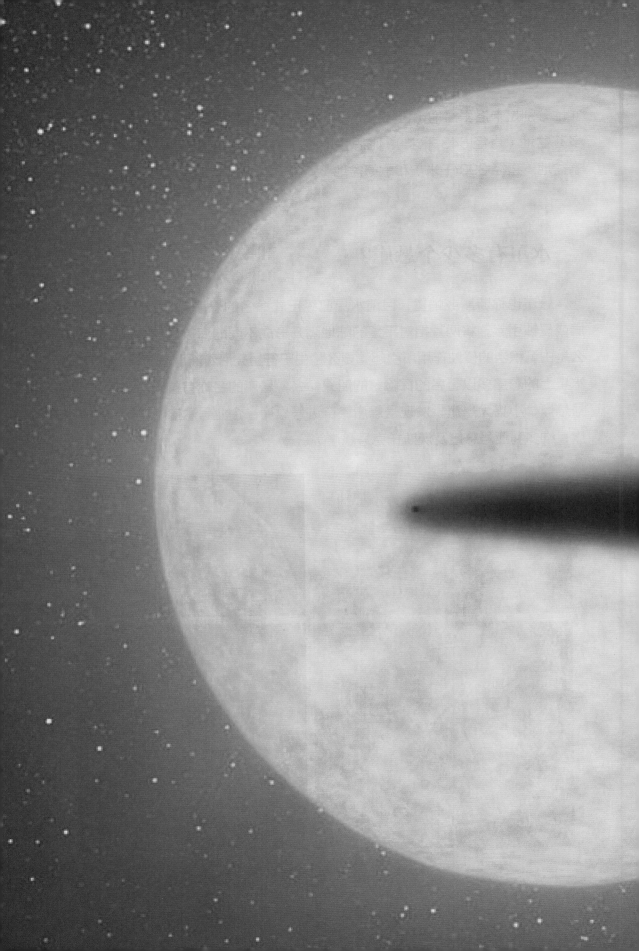

 第 3 章

水星的**特写**

- - - - - - - - - - - - - - - - - - - -

在水星你能见到山脉、峡谷、陨石坑……它们有着不同的命名来源——水星的山脊以天文学家的名字命名，山谷以射电望远镜的设施命名，平原大多数以与水星相关的神话名字命名，悬崖以著名探险家的船只命名，长而窄的洼地以建筑作品命名，水星陨石坑大多数以著名的作家、艺术家和作曲家的名字命名……

本章将带你重新认识那些熟悉的名字。

- - - - - - - - - - - - - - - - - - - -

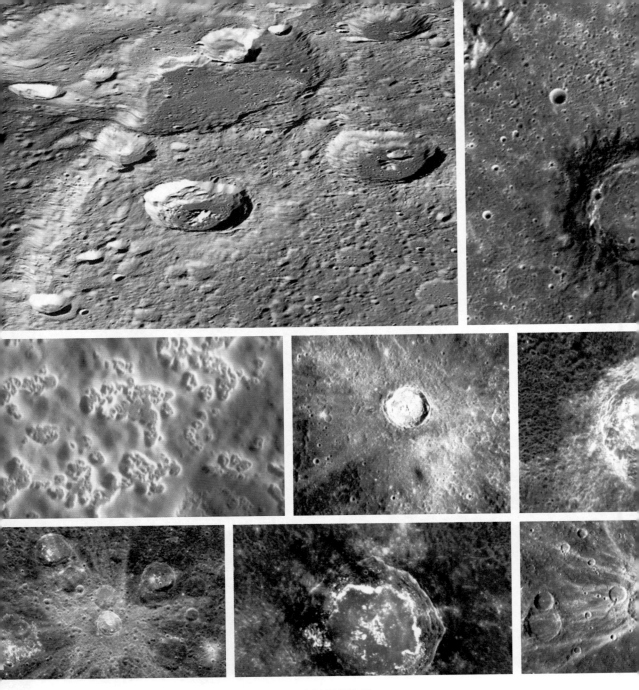

▲ 水星局部特征

　　水星的局部特征包括山脉、峡谷、陨石坑和其他地貌。局部特征的命名有着不同的来源，水星的山脊以天文学家的名字命名，山谷以射电望远镜的设施命名，平原大多数以与水星相关的神话名字命名，悬崖以著名探险家的船只命名，长而窄的洼地以建筑作品命名，水星陨石坑大多数以著名的作家、艺术家和作曲家的名字命名。根据国际天文学联合会的行星系统命名工作小组的规定，所有新的陨石坑都必须以一个著名艺术家的名字命名。直径大于 250 千米的陨

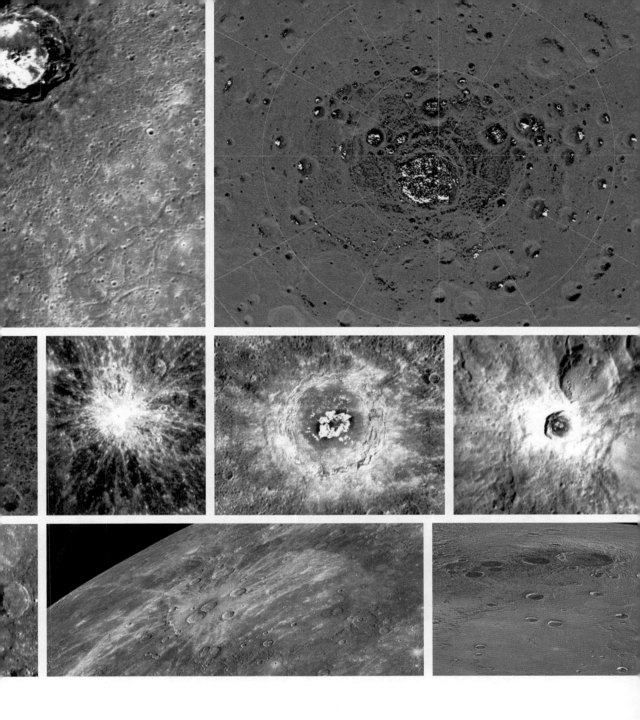

石坑被称为"盆地"。截至 2017 年，有 397 个水星陨石坑被命名，这只是被命名的太阳系陨石坑总数的一小部分，被命名的大部分是月球、火星和金星的陨石坑。

　　水星收缩生悬崖，撞击严重盆地大。
　　平原布满陨石坑，名字多为艺术家。

水星平原有哪些类型?

水星上有两种平原,即坑际平原和平坦平原。坑际平原是严重陨击区中,大陨击坑群之间和周围的较平到平缓起伏的单元,其上面叠有较密集的小陨击坑(直径 15 千米以下,可能是成链或群的次生坑),这说明它们是水星上的最老单元,但某些坑际平原可能比严重陨击区年轻些。坑际平原是水星表面分布最广的单元,约占"水手 10 号"探测器所摄水星高地的 45%。如同平坦平原成因那样,对坑际平原也有火山成因和陨击成因两种看法。水星上坑际平原可能代表火山成因的古老原始表面,至少一部分水星平原是火山成因的。

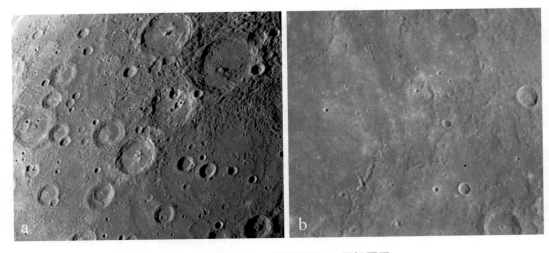

▲ 水星的平原:a 坑际平原;b 平坦平原

平坦平原是陨击坑少的较平坦区域,陨击坑少及叠置关系说明它们是水星最年轻的表面单元,在卡洛里盆地内及周围、北极区,其他盆地和大陨击坑底部也有较小的平坦平原。它们看来是类似于月海的区域,其上也有许多脊和悬崖,但不是像月海脊那样的细皱褶脊,而是较宽;平坦平原跟周围严重陨击区的反照率差别小于月海相应区情况,与月球高地上的浅色平原相似。因此,提出具有争议的平坦平原两种成因:火山喷发和陨击溅射沉积。虽然平坦平原没有火山丘、蜿蜒溪或岩溶流峰,但现有证据偏向支持火山成因假说。这些证据包括平坦平原分布广,比盆地及其周围年轻,反照率、其上面的陨击坑状况等

跟月海形态相似。

　　下图是水星上陨石坑间平原的一个例子。黄色表示陨石坑之间的平原，绿色表示较年轻的陨石坑，白色是这些特征的周围区域，黑色是该地区的其他陨石坑。

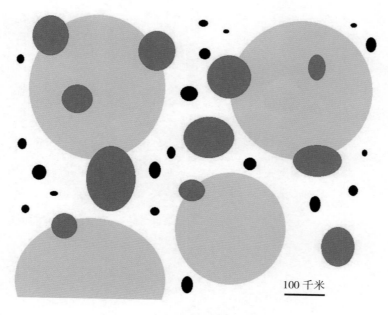

100 千米

▲ 坑际平原

■ 049

北部火山平原有什么特征？

　　水星的北部地区被广阔的平坦平原所控制，这是由大量的火山物质在过去的水星表面形成的。火山熔岩流掩埋了火山口，只留下痕迹。这样的陨石坑被称为"幽灵坑"，在下页图中，有许多可见的地方，包括靠近中心的一个大坑。在这个场景中，褶皱的山脊穿过了这个场景，在这个由熔岩冷却形成的"幽灵坑"里，可以看到小的波谷。北部平原通常被认为是平滑的，因为它们的表面撞击坑较少，受到撞击事件的打击较小。

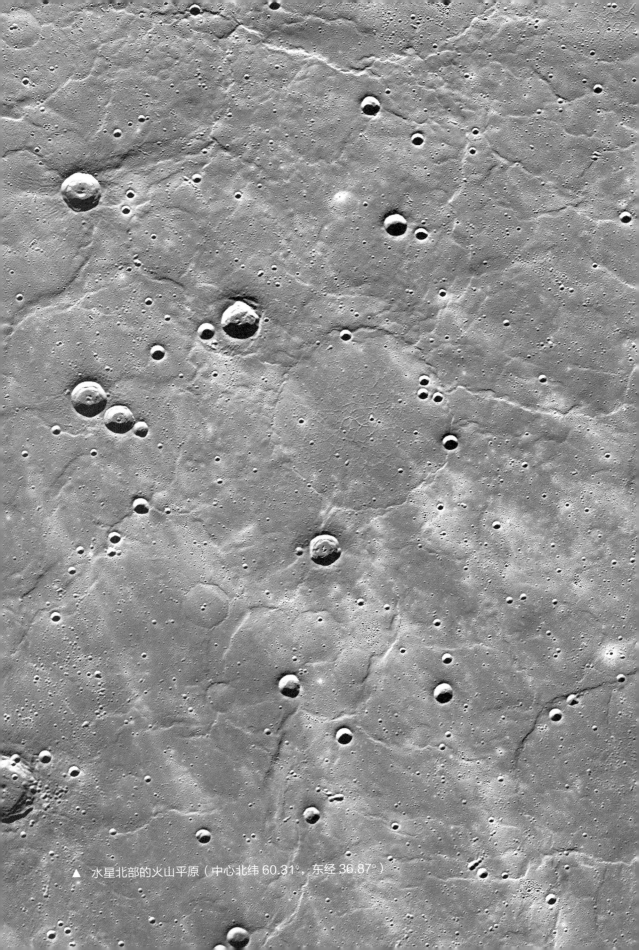

▲ 水星北部的火山平原（中心北纬 60.31°，东经 36.87°）

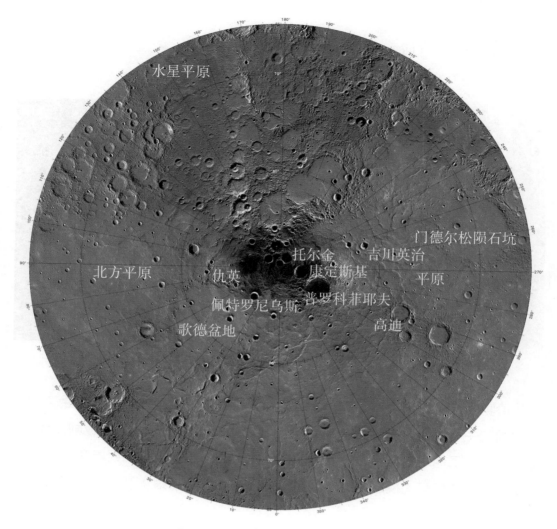

水星平原

门德尔松陨石坑

托尔金　吉川英治

北方平原　仇英　康定斯基

平原

佩特罗尼乌斯　普罗科菲耶夫

歌德盆地　高迪

▲ 北极附近的平原

■ 050

水星有几个以艺术家命名的大撞击盆地？

水星上直径大于 300 千米的大撞击盆地中，有 4 个是以艺术家命名且目前有清楚图像，分别是伦勃朗盆地、贝多芬盆地、托尔斯泰盆地和歌德盆地。

1 ｜伦勃朗盆地

伦勃朗盆地直径 715 千米，是水星上第二大撞击盆地，仅次于卡洛里盆地，也是太阳系中最大的撞击坑之一。

伦勃朗盆地周围被撞击时从深处喷出的喷发物块状沉积包围。喷发物主要在撞击盆地北方和东北方可见。坑内可分成两种地形——圆丘地形和平原，前者占据了盆地底接近北缘的部分，并形成了一个直径约 130 千米的不完整环；后者则占据了坑内大部分区域。这两种平原被一个直径约 450 千米的环状断块山脉分离。

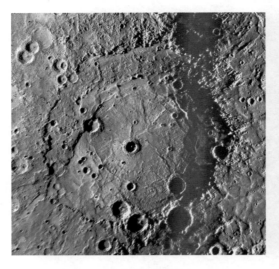

▲ 伦勃朗盆地

▲ 伦勃朗代表作《月亮与狩猎女神》

伦勃朗是欧洲巴洛克绘画艺术的代表画家之一，也是 17 世纪荷兰黄金时代绘画的主要人物，被称为荷兰历史上最伟大的画家。在油画和版画创作中，伦勃朗展现了他对古典意象的完美把握，同时加入了他自身的经验和观察。伦勃朗的著名画作有《夜巡》《月亮与狩猎女神》《犹太新娘》及《杜尔博士的解剖学课》等。

2 │ 贝多芬盆地

▲ 贝多芬盆地

贝多芬盆地直径 643 千米，以德国著名音乐家路德维希·凡·贝多芬命名。该盆地是太阳系中第十一大撞击盆地，也是水星上第三大盆地。贝多芬盆地的部分喷发物沉积层在外表上已被覆盖，难以确定其边缘；坑壁被其本身的喷发物和平原物质覆盖，但仍隐约可见。

贝多芬最著名的作品包括《第三交响曲"英雄"》《第五交响曲"命运"》《第六交响曲"田园"》《第九交响曲"合唱"》《悲怆奏鸣曲》和《月光奏鸣曲》等。这些作品对音乐发展有着深远影响，贝多芬因此在华语世界中被尊称为乐圣。

3 ｜ 托尔斯泰盆地

托尔斯泰盆地直径 390 千米，以俄国知名文学家列夫·托尔斯泰命名。该盆地有两个环绕中心结构的不完整同心环，直径分别约 356 千米和 510 千米，而这两个环的东北部和北部不明显；另外在东南方有一个结构不完整的环，直径约 466 千米。盆地的深度大约 2 千米。

托尔斯泰是 19 世纪中期俄国批判现实主义作家、思想家、哲学家，代表作有长篇历史小说《战争与和平》、里程碑式巨著《安娜·卡列尼娜》及长篇小说《复活》等。

▲ 托尔斯泰盆地

4 ｜ 歌德盆地

歌德盆地是水星上一个直径 383 千米的撞击盆地，以德国文学家约翰·沃尔夫冈·冯·歌德命名。

歌德盆地在 1976 年的列表中并未被列为撞击盆地，这是因为"水手 10 号"探测器的影像分辨率不足，无法确认它是撞击结构。然而，许多较早使用"水手 10 号"探测器图像进行水星表面研究的科学家都判定它是盆地。歌德盆地的北侧和东侧边缘是缓坡的坑壁，并且有低而不连续的冰丘状坑缘物质存在，可能和撞击喷发物有关。在歌德撞击坑的西端边界则有至少三条近似平行的山脊或山块，而这些山块被来自平原的物质沉积的窄槽分隔。如果坑内的同心圆

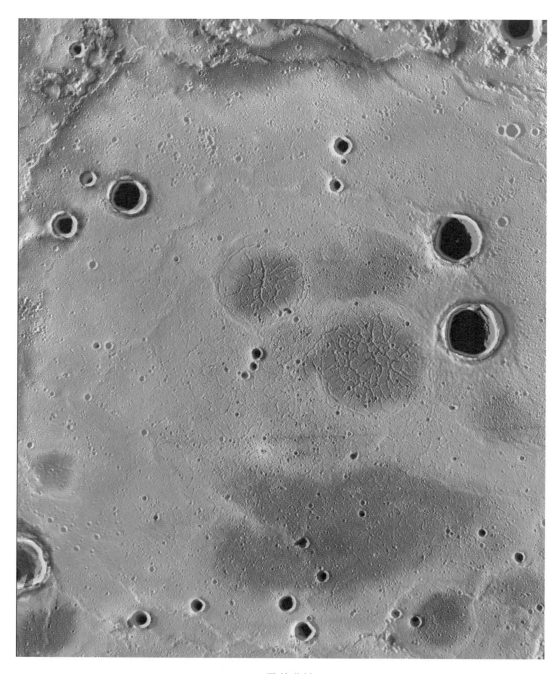

▲ 歌德盆地

环结构曾经存在，现在应已被横跨分布整个盆地的平坦平原的物质覆盖。丘陵和冰丘状的残余物质类似撞击盆地的沉积物，并且在缓坡撞击坑壁上有突起的喷发物。

■ 051

卡洛里盆地有多大?

卡洛里盆地是 1974 年由"水手 10 号"探测器飞越水星时发现的,是水星最大的撞击盆地,也是太阳系最大的撞击盆地之一。但"水手 10 号"探测器飞越水星时,卡洛里盆地仅东边一半受阳光照射。"信使号"探测器在 2008 年 1月 14 日飞越水星时,对盆地西半边进行了高分辨率成像。根据"信使号"的高分辨率成像,卡洛里盆地的直径大约是 1550 千米。卡洛里盆地是水星最热的地方,最热时达 427℃。在中午,岩石中的铅、锡被强烈的阳光熔化析出,汇聚成金属液潭。正因为这个地区太热,因此用热量的单位卡洛里为其命名。

热量单位来命名,
撞击盆地有特征。
高温炎热最突出,
坑底还有潘提翁。

▲ 远看卡洛里盆地

 小贴士

潘提翁是一个非常有特色的"蜘蛛"地形。

卡洛里盆地

阿波罗多罗斯陨石坑

潘提翁槽沟

鬼坑

皱脊

▲ 卡洛里盆地高分辨率拼图

■ 052

卡洛里盆地对水星地质有什么影响？

撞击并形成卡洛里盆地的影响是如此的强大，它造成的火山喷发熔岩，留下高度在 2 千米以上的同心圆环围绕着陨石坑。在卡洛里盆地的对跖点是不寻常的、被称为"怪异地形"的大片丘陵地形区域。这种地形起源的一种假说是撞击出卡洛里盆地的激震波环绕着行星，汇聚在盆地的对跖点（相距 180°），

结果造成了高应力的裂缝表面；另一种假说则认为是喷出物直接汇聚在卡洛里盆地对跖点的结果。

内太阳系的天体在太阳系形成的第一个十亿年都经历过大型岩石天体大量撞击。造成卡洛里盆地的撞击必须在重轰炸期结束之后，因为和卡洛里盆地以外面积相当的区域相比较，卡洛里盆地底部的撞击坑明显较少。月球上的类似撞击盆地，如雨海和东方海，一般认为是与卡洛里盆地同时期形成的，这指出了在早期太阳系的重轰炸期即将结束时有一个"尖峰"。根据"信使号"探测器拍摄的影像判定卡洛里盆地在 38 亿至 39 亿年前形成。

■ 053
什么叫对跖点？

对跖点（antipodes）也称为对跖地，是地理学与几何学上的名词。球面上任一点与球心的连线会交球面于另一点，亦即位于球体直径两端的点，这两点互称为对跖点。也就是说，从地球上的某一地点向地心出发，穿过地心后所抵达的另一端，就是该地点的对跖点。因此，对跖点也可称为地球的相对极。

因为人站在球面上均是头朝天、脚踩地，如果两个人站在地球直径的两端，那么两人的脚底恰好彼此相对，所以对跖点的英文是由"anti"与"pode"两词所组成，前者有相对、反向的意思，后者则代表脚的意思，从词义上来看便是"脚与脚相对"之意。某位置的对跖点是在地球上与该位置距离最远的地方，例如对西班牙城市加的斯来说，新西兰奥克兰市可以算是距离最远的城市。

寻找对跖点的方式有很多种，通常是由经纬度来推算（经度减 180°，纬度南北互换），以香港为例，香港城市的位置为北纬 22.3°，东经 114.2°，那么，它的对跖点则为南纬 22.3°，西经 65.8°，位于阿根廷胡伊省北部。而最简单的方法，便是将一张世界地图沿经度线对折并撕成两半，将其中一半相对于另一半旋转 180°，彼此重叠的两个点就是对跖点。

由于对跖点分别位于地球的两端，其最大的特征就是彼此的寒暑与昼夜刚好相反；此外，就电磁波通信而言，对跖点之间的传递效果通常都较其周边地区好，这就是所谓的"对跖点效果"（antipode effect）。

地球的平均直径是 12742 千米，所以地球上对跖点之间的（穿过地心）平均距离是 12742 千米。

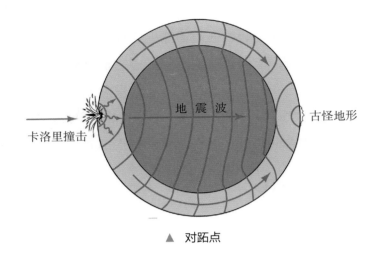

▲ 对跖点

■ 054

水星的陨石坑有什么特点？

水星表面最显著的特征是大大小小的陨石坑，包括从直径 1550 千米的盆地到飞船的照相机刚好能分辨的陨击坑（直径 100 米）。

水星是太阳系受到陨击最严重的天体之一，这些陨石坑提供了太阳系过去撞击过程的陨石坑特征的信息。由于水星是太阳系最靠内的行星，陨石坑提供了关于类地行星区域内撞击物体起源的重要限制因素。

水星撞击坑和月球不同的一点是水星撞击坑的喷发物延伸范围比月球的小很多，这是因为水星的表面重力是月球的 2.5 倍。

所有相对新撞击的陨石坑都具有接近圆形的隆起边缘、比陨石坑周围深的底部和围绕陨石坑的相对粗糙的抛射物层。

内部为碗形的小陨石坑称为简单陨石坑。大陨石坑有台阶式的内壁，相对于平坦的底部，中心有峰，称为复杂陨石坑。

随着陨石坑直径的增加，结构变得越来越复杂。小陨石坑呈碗状，向上延伸至峰环盆地。峰环盆地开始形成，形成的陨石坑直径超过 125 千米。

陨石坑直径与撞击体的速度和质量、撞击体的大小、被撞星球的表面重力

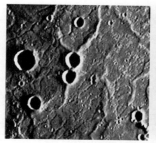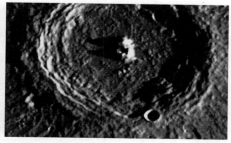

▲ 水星的陨石坑：小陨石坑、碗形陨石坑与复杂陨石坑

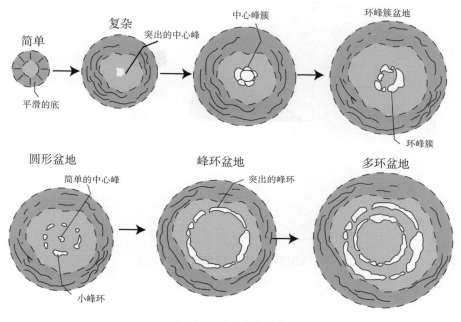

▲ 陨石坑大小与结构

和撞击角等有关。平均来说，小行星以 34 千米 / 秒的速度撞击水星，分别以
22 千米 / 秒和 19 千米 / 秒的速度撞击月球和火星。来自外太阳系边缘的彗星
对水星的撞击比对其他天体的撞击更频繁，水星 41% 的陨石坑、月球和地球
约 10% 的陨石坑及火星不到 3% 的陨石坑源于彗星撞击。彗星撞击水星的平
均速度为 87 千米 / 秒，而对月球和火星的撞击速度分别为 52 千米 / 秒和 42
千米 / 秒。因此，在相同大小的撞击物作用下，水星上的陨石坑一般比较大，
并产生比其他行星更多的熔化物和抛射物。

■ 055

水星陨石坑是怎样命名的？

大多数水星陨石坑是以已故的著名作家、艺术家和作曲家命名的。根据国际天文学联合会提出的行星系统命名规则，所有给新陨石坑命名的艺术家年龄要大于 55 岁，命名时死亡时间要长于 3 年。

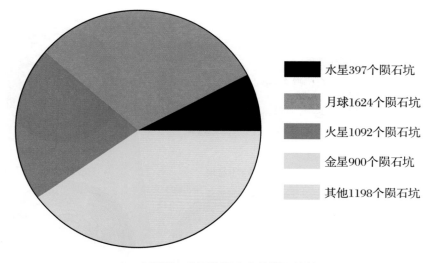

- ■ 水星397个陨石坑
- 月球1624个陨石坑
- 火星1092个陨石坑
- 金星900个陨石坑
- 其他1198个陨石坑

▲ 太阳系一些天体已命名的陨石坑数

■ 056

水星上有多少个以中国人名字命名的陨石坑？

在国际天文学联合会已命名的 397 个水星陨石坑名称中，有 19 个陨石坑是以中华民族人物的名字命名的——蔡文姬，东汉诗人及作曲家；韩干，唐代画家；李白，唐代诗人；白居易，唐代诗人；杜甫，唐代诗人；董源，南唐画家；李清照，南宋女词人；姜夔，南宋音乐家；梁楷，南宋画家；萧照，南宋画家；关汉卿，元代戏曲家；马致远，元代戏曲家；赵孟頫，元代书画家；王蒙，元末画家；仇英，明代画家；朱耷，清初画家；曹霑（即曹雪芹），清代文学家；齐白石，近现代画家；鲁迅，现代文学家。

■ 057

最接近南极的以中国人命名的陨石坑是什么名字？

赵孟頫陨石坑是水星上的一个直径 167 千米的陨石坑，它的位置非常接近南极（西经 132.4°，南纬 87.3°），而水星的轴倾斜度又非常小，大约 40% 的陨石坑处在永久阴影当中。由于当地的雷达反射率非常高，科学家怀疑那里有大量冰存在。估计赵孟頫陨石坑永久阴影中的温度为 −171℃，在这个温度下冰不会在真空中升华。

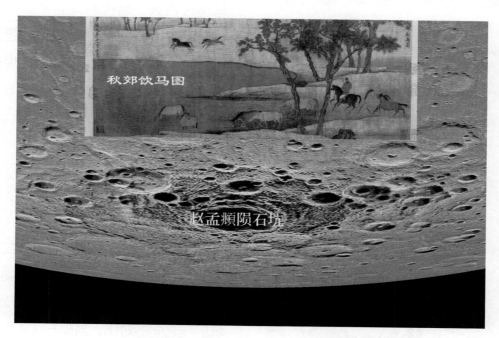

▲ 位于水星南极的赵孟頫陨石坑（上部插图是赵孟頫代表作）

■ 058

韩干陨石坑有什么特征？

韩干陨石坑位于水星的南半球，是一个直径 50 千米的陨石坑，它的中心峰保存完好，地面光滑，像是凝固的撞击熔化物。陨石坑的周边相对较尖，表明它是在水星历史的后期形成的。沿着坑壁的阶梯地形起因于该陨石坑形成时

▲ 韩干陨石坑

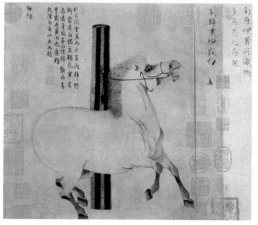

▲ 韩干代表画作《牧马图》局部

的局部崩塌。这个迷人的火山口是以中国唐代画家韩干命名的。

韩干少年时只是一名酒馆的雇工，后来被诗人王维赏识，资助他学画，学成后被召为宫廷画师，尤善画马，重视写生。皇帝命他拜当时画马名家陈闳为师，他不听命，说："臣自有师，陛下内厩之马，皆臣师也。"由于他重视写生，所以画马超过古人，后代画马名家如李公麟、赵孟頫都曾向他学习，他还画过许多肖像画和佛教宗教画，但传世不多。

■ 059

王蒙盆地
有什么特点？

王蒙盆地的颜色显示了在王蒙盆地的峰环上较暗的低反射物质（LRM）和在图像右侧的明亮的陨石坑射线之间的对比。当陨石坑边缘的凹陷与低反射物质联系在一起时，明亮的蓝色光晕就证明了这一点（即低反射物质与陨石坑射线之间的对比），明亮的光线来自附近的火山口，包括右上角的小而新鲜的陨石坑。

元末画家王蒙对山水画有独到的创新，发明了牛毛皴画法，善用渴

墨苔点，所画山水景色稠密，山重水复，布局繁密，苍郁深秀；用解索皴和渴墨苔点，表现树林山峦郁茂苍茫的气氛，此为他的独到处。后人将王蒙和吴镇、黄公望、倪瓒并称为"元四家"，倪瓒曾称赞王蒙"叔明笔力能扛鼎，五百年来无此君"。王蒙的画作画面空白不多，题咏有时兼用篆隶行楷，对后代明清画家影响较大，流传后世的作品有《青卞隐居图》《夏日山居图》《秋山草堂图》《花溪渔隐图》《溪山高逸图》等。

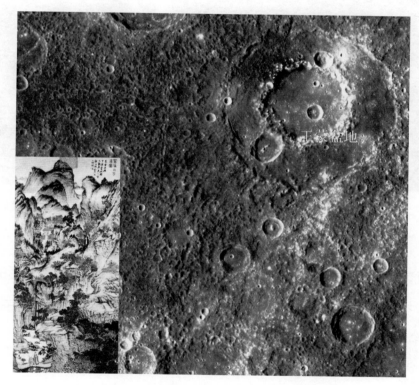

▲ 王蒙盆地（左下角为王蒙的山水画《葛稚川移居图》）

■ 060

梁楷陨石坑有多大？

梁楷陨石坑直径 140 千米，低矮、模糊的边缘和较浅的底板是由于不断受到微小（或不那么微小）撞击的侵蚀，以及周围平原沉积物的填充造成的，这个名字在 1979 年被国际天文学联合会采用。

梁楷，南宋人，画家，曾于南宋宁宗时期担任画院待诏。他是一个行径相当

▲ 梁楷陨石坑

▲ 梁楷代表画作《泼墨仙人图》

特异的画家，善画山水、佛道、鬼神，师法贾师古。他喜好饮酒，酒后的行为不拘礼法，人称"梁疯子"。梁楷传世的作品包含了《六祖伐竹图》《李白行吟图》《泼墨仙人图》《八高僧故事图卷》等，但以《泼墨仙人图》最为有名。

■ 061

萧照陨石坑有什么特点？

萧照陨石坑以其在水星北半球突出的射线而闻名。它的直径23千米，并非特别大，但它的长而明亮的射纹系统成为它的明显特征。萧照陨石坑年轻而明亮的射纹系统是在形成陨石坑的撞击发生时向外喷出的撞击喷发物形成的，这代表萧照陨石坑是相对年轻的陨石坑。

萧照是北宋末南宋初画家，字东生，濩泽（今山西阳城）人。萧照精于山水人物，山水画界于工整写实与水墨雄放之间。北宋靖康年间曾参加太行山义

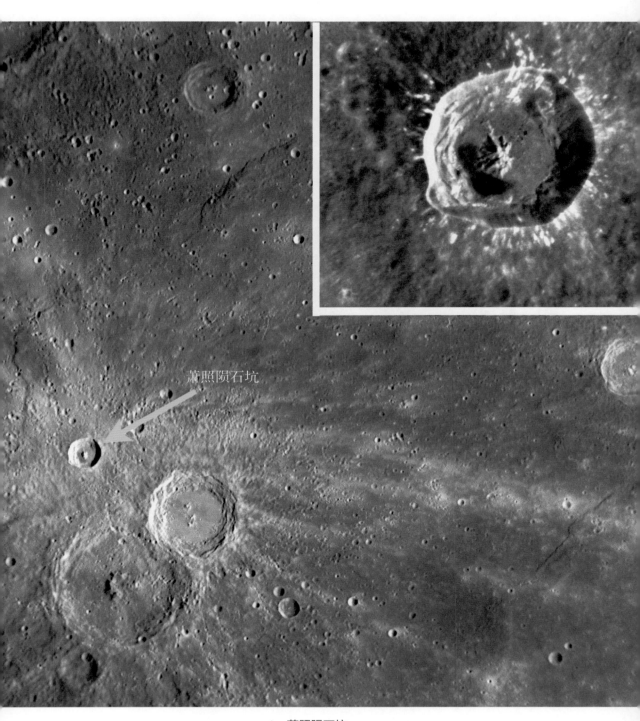

萧照陨石坑

▲ 萧照陨石坑

▲ 萧照代表画作《山腰楼观图》

兵，后师从画家李唐，随后至南宋都城临安（今浙江杭州），南宋绍兴年间任画院待诏。现存世作品有《山腰楼观图》《中兴瑞应图》等。

■ 062

什么叫幽灵陨石坑？

幽灵陨石坑是被火山沉积物填充的陨石坑，在水星北半球的平坦平原普遍存在，有三种类型：第一种是含有一个形式为环的皱褶山脊，其轮廓可以通过陨石坑边缘形成的山脊揭示；第二种是有一个皱纹脊环和地堑；第三种是没有或没观测到褶皱环，但沿着边缘有一个地堑环。

水星平原是水星上一个巨大的凹地，表面有着非常特殊的幽灵撞击坑，它们几乎被完全埋藏起来，只留下了圆形的轮廓边缘略高于平原表面。

这种幽灵撞击坑可能是由卡洛里盆地的喷发物掩盖造成，并且因此形成今日的水星平原，此地名来自日语的水星一词。

▲ 幽灵陨石坑

■ 063

什么是射纹系统？

射纹系统包括从撞击坑喷发过程中抛出的纤细纵向条纹，这些条纹看起来有点像轮子枢纽的辐条。这些辐射状物经常伴随着较大喷发物造成的二次与后续撞击，向外延伸原始的撞击坑直径的数倍。在月球、水星、金星和太阳系内其他行星的一些天然卫星上，都确认存在一些射纹系统。原先我们认为射纹系统只存在于没有大气层的行星或卫星上，但最近从来自火星轨道的"奥德赛号"探测器的火星红外线影像上也发现了射纹系统。

当喷发物的材料沉积在表面时会有着不同的反射（反照率）或热性质，射纹可以在可见光及某些红外线波长的情况下被看见。通常，可见的射纹有着比周围其他物质更高的反照率。撞击抛出的物质反照率比较低的情况罕见，如沉积在月海的玄武岩的熔岩。热射纹，如同在火星上看见的，在斜坡和阴影不影响到火星表面的红外线辐射能量时特别容易被看见。

因为随着时间的推移，这些射纹会因为各种作用而逐渐消除，因此射纹跨越表面地层层次的特征可以作为陨石坑相对年龄的指标。

■ 064

哪个陨石坑的射纹系统最长？

北斋陨石坑的射纹系统最长，它的光芒覆盖了行星的大部分地区，它的内部十分壮观。下页图像显示了中心的山峰、美丽的地形，以及在陨石坑底部融化的冰海。

北斋陨石坑是水星上一个有射纹系统的撞击坑，于1991年由金石深空通信站发现。在2000年到2005年间阿雷西博天文台观测的结果进一步显示它是有大范围射纹系统的撞击坑。该射纹系统在雷达影像中相当明亮，代表它是年轻的地质结构。因为刚形成的撞击喷发物表面相当崎岖，会造成强烈电波散射。

北斋撞击坑以日本江户时代著名画家葛饰北斋命名，它的直径大约是95千米，但其射纹系统延伸超过1000千米，覆盖了水星北半球大部分区域。

▲ 北斋陨石坑

▲ 北斋的山水画

■ 065

水星哪个陨石坑底部最亮？

开伯陨石坑是水星上一个中等大小的撞击坑，其中心峰群位于南纬 11°，西经 31.5°，直径约 60 千米，以美国天文学家杰勒德·开伯命名。开伯带是在海王星轨道之外的一个环形区域，是短周期彗星的源。开伯陨石坑有一个突出的射纹系统，反照率是水星上最高的，因此它可能是水星上最年轻的撞击坑之一。

▲ 开伯陨石坑（右下角显示了部分开伯带）

▲ 开伯陨石坑彩色图

这张高分辨率的开伯陨石坑的彩色图像不仅显示了从这个相对年轻的陨石坑中延伸出来的明亮的光线，还显示了开伯陨石坑喷出物的红颜色。

■ 066

这个陨石坑像米老鼠吗?

马格里特陨石坑（下页图）的西北部，由两个小陨石坑和一个较大的陨石坑构成了一个类似"米老鼠"类似的形状，较大的陨石坑实际上位于两个较小陨石坑的北部。这种复杂的地形地貌，是由水星漫长的地质演变过程形成的。

▲ 马格里特陨石坑

■ 067

底部有凹陷的陨石坑有什么特点？

水星有些撞击坑底部有不规则形状陷落或凹陷的区域，这种撞击坑被称为底部有凹陷的陨石坑（Pit-floor craters）。一种观点认为，这样的凹陷是撞击坑下岩浆库塌陷造成的。假如这种观点是正确的，这些凹陷区域就成为水星曾有火山活动的证据。这样的撞击坑没有环形山构造，大多是不规则形状，坑壁坡度陡，且并无喷发物或熔岩流，但有其典型的颜色可区分。例如，在普拉克西特利斯陨石坑（Praxiteles）底部可见到橘色区域。一般认为这种撞击坑是浅层岩浆活动的产物。许多主要撞击坑都可见到此种特征，如贝基特撞击坑、纪伯伦撞击坑、莱蒙托夫撞击坑等。

普拉克西特利斯是公元前 4 世纪古希腊著名的雕刻家，和留西波斯、斯科

▲ 普拉克西特利斯陨石坑（四个角上显示了普拉克西特利斯的雕塑作品）

帕斯一起被誉为古希腊最杰出的三大雕刻家。他是开菲索多妥斯的儿子和学生，是第一个塑造裸体女性的雕刻家。

■ 068

水星陨石坑的密度有多大?

　　"信使号"探测器在飞越水星时对以前没有看见的大部分地区进行了拍照，从这些图像中可辨别出陨石坑。行星表面的陨石坑密度可用于分析不同地区的相对年龄，表面积累的陨石坑越多，这个地区越古老。确定水星表面不同地区陨石坑的数量，可以了解水星的地质演变历史。图中只是"信使号"窄角相机获得的一帧图像的一部分，在水星表面的宽度为 276 千米，从中可辨别出 763个陨石坑（绿色）和 189 座山丘（黄色）。

▲ 水星陨石坑的密度

"蜘蛛"地形是怎样产生的？

在"信使号"探测器的第一次水星飞行中，最吸引人的一种景点是阿波罗多罗斯陨石坑，周围环绕着辐射槽，这种地形被称为"蜘蛛"地形。这似乎是一个陨石坑，周围环绕着从其中心辐射出来的 50 多个表面裂缝。科学家们对这种结构感到困惑，这种结构与太阳系其他地方观测到的任何东西都不一样。

无论什么原因造成了这只"蜘蛛"，现在都只处于猜测阶段。一种可能是由于水星表面下的火山入侵导致了沟谷的形成。

▲ "蜘蛛"地形

■ 070

为什么这个陨石坑被称为水星上的"探照灯"？

这张彩色照片是由美国国家航空航天局的"信使号"探测器上的广角照相机于 2013 年 5 月 1 日拍摄的，对象是赫夫那坦杨（Hovnatanian）陨石坑，它的蝴蝶状放射喷发物，被认为是由比形成附近齐白石撞击坑更低角度的撞击物造成。根据它的喷发物形状推测，形成赫夫那坦杨陨石坑的撞击物可能是向北方或向南方撞击水星表面的。火山口的椭圆形状和明亮光线的蝴蝶图案表明，一个非常倾斜的撞击产生了陨石坑。光线的亮度表明，它们在水星表面是相对年轻的。由于射线的亮度比较大，因此被称为水星的"探照灯"。

▲ 赫夫那坦杨陨石坑

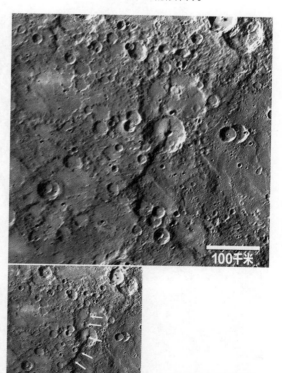

■ 071

为什么
不容易发现悬崖？

巨大的陡坡（悬崖）是在水星的内部冷却后形成的，整个行星都因此收缩了。这一结论发表在《科学》杂志上。右图显示了其中一个陡坡（图中白色箭头指向的位置），

▲ 刊登在《科学》杂志上的悬崖图片

大约有 270 千米长。水星表面的这一部分是在"水手 10 号"探测器飞越时看到的，尽管这个陡坡尺寸很大，但是在"水手 10 号"探测器的照片中是不可见的，因为当时的太阳几乎是在头顶上。因此，陡坡并没有一个可辨的阴影。与此相反，"信使号"探测器拍摄这一区域照片时，该区域正处于明暗分界线，产生了长长的阴影，使这种悬崖第一次被识别。

■ 072

水星最长的悬崖叫什么名字？

企业号悬崖是水星上最长的悬崖，长达 1000 千米（白色箭头指示）。企业号悬崖跨越伦勃朗盆地（直径 715 千米），冲掩岩片向东南推进了几千米，推移了两个陨石坑和伦勃朗盆地边缘。

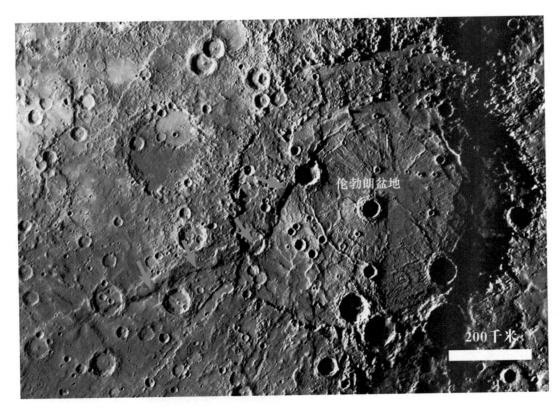

▲ "企业号"悬崖

■ 073

水星的悬崖是怎样分布的?

水星全球悬崖分布图显示,悬崖大多数集中在北纬 60° 至南纬 60° 之间,在平坦平原的悬崖很少。悬崖有三个主要的纵向条带,边界用红线标出。在北纬 60° 至南纬 60° 之间,断层的走向接近于南北方向。在这些纬度的南北方向上,朝向改变为东西方向。这种方向上的二分法表明,除了内部冷却导致的收缩外,还有其他机制导致水星的压缩。降低转速之后,水星冷却了。由于水星最初的高温、熔融的核心和地幔的冷却和凝固,这些物质变得更加密集。固体部分所占的空间比结晶的液体要小。这就导致了水星的收缩,形成了表面的裂口——就像葡萄干缩时表面上的皱纹一样。

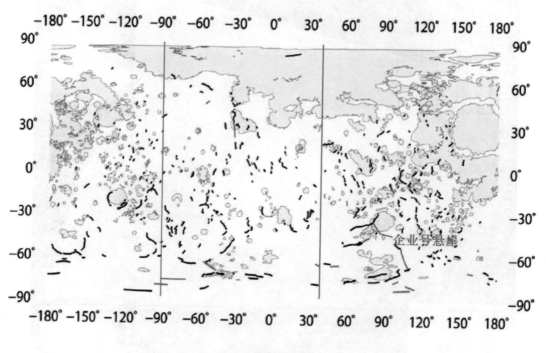

▲ 水星悬崖分布图

■ 074

陨石坑为什么具有红白蓝色?

　　这个五彩缤纷的场景是蒂亚格拉贾(Tyagaraja)陨石坑及其周边环境,包含了许多不同类型的物质。蒂亚格拉贾是印度卡那提克音乐的作曲家,被誉为卡那提克音乐三大师之一。他创作的歌曲数以百计,大多歌颂印度教神罗摩,对印度音乐的发展影响深远。陨石坑底部非常明亮的区域是空洞(白色),比周围的区域要亮得多。火山口中心的红点很可能是火山碎屑喷口附近的物质。在这种颜色组合中呈现蓝色的深色部分是低反射物质。水星上不同颜色的区域通常对应不同的成分。

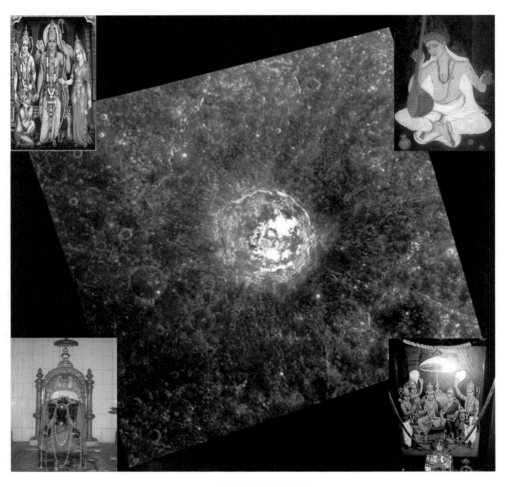

▲ 蒂亚格拉贾陨石坑

你能从图片中看出笑脸吗？

你能看出这张照片里的脸吗？照片的上部有两个大的陨石坑，形成了"眼睛"，突出的中央山峰是完美的"鼻子"，"鼻子"下面是一个张成"O"形的"嘴"。这一未命名的陆地形态是水星北半球一个巨大的、布满大坑的区域的一部分。

▲ "笑脸"

水星大峡谷有多长？

一提起大峡谷，许多人自然想到美国大峡谷，因为这是全世界非常有名的旅游胜地。但在水星上新发现的大峡谷，长超过 1000 千米，宽 400 千米，深 3.2 千米。这个大峡谷虽然比火星上的峡谷要小，但比北美的大峡谷还要大，比东非大裂谷还要宽。

与地球大裂谷不同的是，水星的大峡谷并不是由板块构造使得岩石圈板块分离而引起的，而是一个不断缩小的单板块行星全球收缩的结果。

▲ 水星大峡谷（深蓝）和伦勃朗撞击盆地（紫色，右上）

■ 077

水星有几条正式命名的山谷？

在 2013 年 4 月 30 日，国际天文学联合会行星系统命名工作组批准了水星上 5 个山谷的名称。"信使号"团队的科学家们解释说，这些山谷是由热、低黏度、快速流动的熔岩造成的水星表面的机械运动和热侵蚀形成的。获得正式名称的 5 个山谷分别是吴哥（Angkor）山谷、霍基亚斯（Cahokia）山谷、卡拉尔（Caral）山谷、提姆加德（Timgad）山谷和帕埃斯图姆（Paestum）山谷。

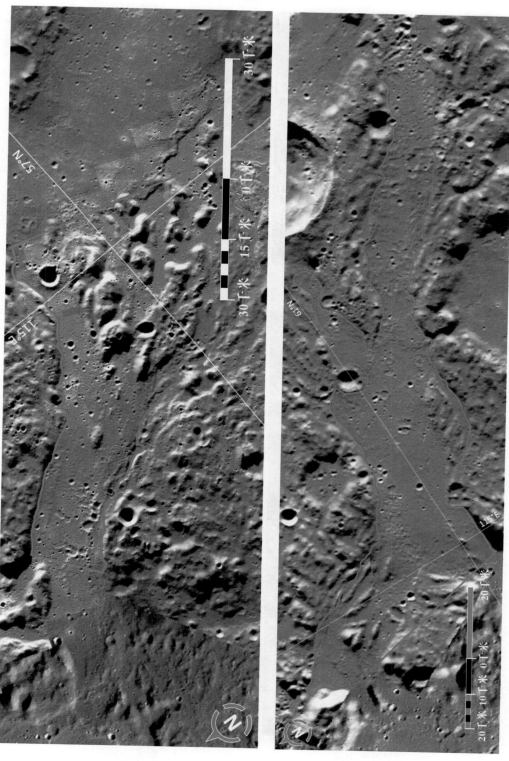

▲ 吴哥山谷

▲ 提姆加德山谷

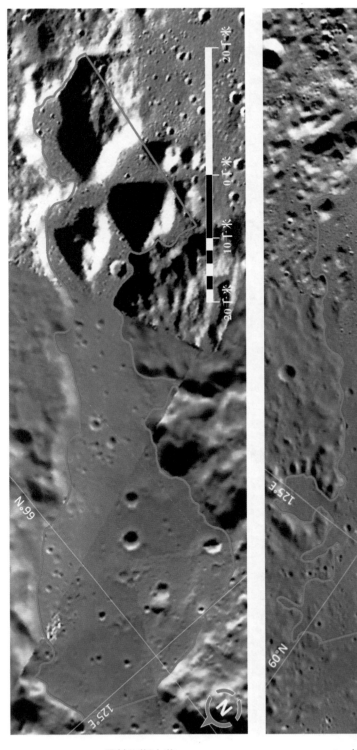

▲ 霍基亚斯山谷　　　　　　　▲ 帕埃斯图姆山谷

▲ 卡拉尔山谷

■ 078

水星最深的地方在哪里？

水星最深的地方在拉赫玛尼诺夫撞击盆地底部，低于平均高度 5.38 千米。拉赫玛尼诺夫撞击盆地的中心部分是一个直径 130 千米并以南北走向稍微延伸的环状结构。这个区域内部被含有偏亮红色物质的平原覆盖，而这个区域的颜色和环的外围是不同的。这样的平原可能是由火山活动形成，因为在这些区域

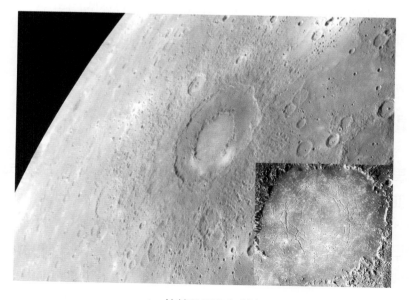

▲ 拉赫玛尼诺夫盆地

▲ 拉赫玛尼诺夫盆地在水星的位置

中可以见到流动的迹象。这些红色物质也覆盖了中心环的南半部。内环内部的平坦平原可能因为一组同心圆状的地堑（槽）而变形。

■ 079

水星最高的山脉是哪个？

卡洛里山脉是水星最高的山脉，该山脉由一系列丘陵和山谷组成，位于水星莎士比亚区的卡洛里盆地外环，向东北方延伸超过 1000 千米。该山脉包含了众多高 1 到 2 千米，长度约 10 到 50 千米的直线型地块，大部分都是从卡洛里盆地中心向外放射状延伸，并且被崎岖不平的坑底、径向的槽和沟状结构分离。这些地块的表面相当崎岖，并且在沿着卡洛里盆地内部边缘处最明显可见，因为该处是面向盆地内坡度极大的断崖，让地块向外逐渐分裂得更小。卡

洛里山脉标志了在卡洛里盆地周围最突出环状结构的高峰，该区域位于北纬18°，东经 184.5° 附近，被认为是由遭到来自卡洛里盆地的晚期深处喷发物覆盖的撞击前基岩组成。较内侧区域边缘大约是撞击后凹陷区域的外部边界。

卡洛里山是围绕卡洛里盆地的山峰环，是由撞击抛出的喷出物形成的。山脊平坦的平原（左边）掩埋了大部分的陨石坑底部。

卡洛里山脉西南面有一个凹陷区域，目前仍不了解形成原因。

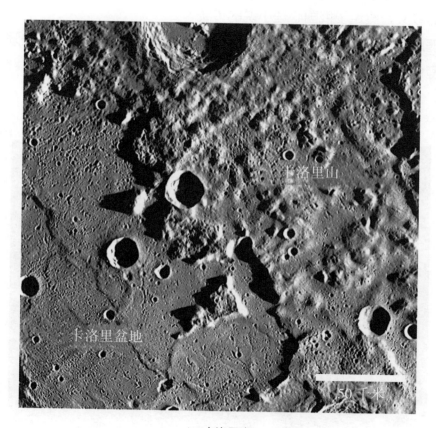

卡洛里山
卡洛里盆地
50 千米

▲ 卡洛里山

■ 080

为什么陨石坑的射线是蓝色的？

美丽的碧蓝光线主导着这一景象，在附近的火山口上覆盖着一缕缕新鲜的物质。照片底部的莱蒙托夫陨石坑（直径 152 千米）被认为是火山爆发的地点。

　　莱蒙托夫陨石坑由"水手 10 号"探测器第一次观测到，陨石坑底部比表面稍亮，表面光滑，有几个不规则形状的凹陷，这些特征可能是过去火山活动爆发的证据。

　　莱蒙托夫是 19 世纪俄国浪漫主义作家、诗人和画家，有时被称为"高加索诗人"，是 1837 年亚历山大·普希金去世后最重要的俄国诗人，也是俄国浪漫主义最伟大的人物。他对后世俄国文学的影响重大，不仅通过他的诗歌，也通过他的散文，奠定了俄国心理小说的传统。

　　微弱的蓝色线性特征是来自遥远的年轻撞击坑的射线。莱蒙托夫陨石坑底部的亮橙色物质最有可能是由水星过去的火山爆发沉积形成的。

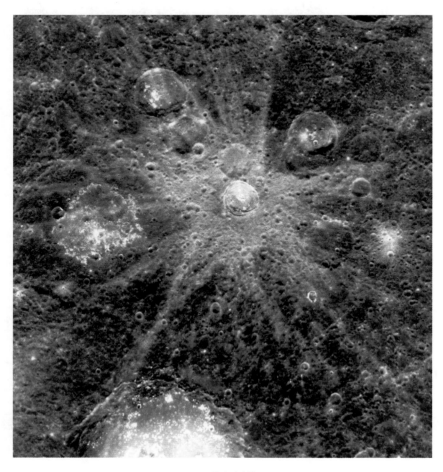

▲ 蓝色射线

■ 081

皱脊反映了水星哪方面的地质特征？

这张图是关于卡内基皱脊中心部分的透视视图，一个巨大的叶状陡坡，穿过了杜西奥陨石坑。如果你从东南方向接近陡坡，你会发现自己面对着一堵近 2 千米高的墙！这幅图显示的是由水星激光高度计（MLA）和水星双成像系统（MDIS）绘制的水星表面（地形变化）。这幅图像用不同的颜色标出了地形的变化（红色：地势高；蓝色：地势低）。像卡内基皱脊这样的构造地形，在水星上形成了一种对内部行星冷却的反应，导致了行星的整体收缩。这张图是由 48 张单独的 MDIS 图像拼接而成的。杜西奥陨石坑的直径大约是 105 千米。

▲ 卡内基皱脊

082

周围含碳的陨石坑有什么特点？

"信使号"探测器拍摄的巴索陨石坑照片显示出陨石坑周围有明显的暗晕，被称为"低反射率物质"（LRM），最初被怀疑含有由彗星运送到行星的碳。来自"信使号"的伽马射线、中子谱仪和 X 射线仪器的数据证实，LRM 含有大量的石墨碳，且很可能源自水星本身。霍普金斯大学的一位行星地质学家认为 LRM 可能包含了原始地壳的残留物。如果是这样的话，我们可能会观测到水星 46 亿年前原始表面的遗迹。

在水星表面发现的丰富的碳表明，我们可能看到了水星原始的古代地壳的残留物混合在火山岩和我们今天看到的表面撞击喷出物中，这一结果证明了"信使号"任务的非凡成功，并为这颗最内部的行星与其行星邻居的诸多不同之处增加了一条线索，也为研究太阳系内部的起源和早期演化提供了额外的线索。

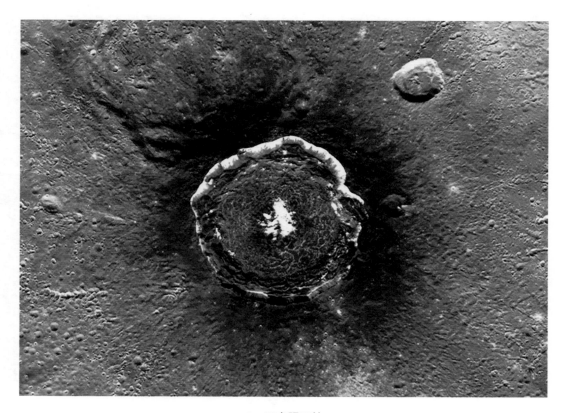

▲ 巴索陨石坑

094

■ 083

水星有多少陨石坑链？

水星表面的许多陨石坑链极有可能是被太阳或水星扰乱的彗星"碎片列车"的撞击轨迹，而不是次级环形山。研究人员对"水手 10 号"探测器的许多图像进行了检查，发现了总共 15 个陨石坑链，无法将其中任何一个直接连接到与喷出物相关联的任何特定的大坑中。所有著名的陨石坑链都是在先前存在的地层上叠加的。在 15 个公认的陨石坑链中，共发现了 127 个火山口。每条链的陨石坑数量从 4 个到 11 个不等，陨石坑的直径从 3 千米到 13 千米不等，平均为 7 千米。

陨石坑链也称为"链坑"，国际天文学联合会的行星命名规则将链坑称为"Catena"（复数为 Catenae）。链坑的形成一般认为是某一天体受潮汐力作用分裂为多个小天体后，仍维持原轨道不变，并逐一撞击在较大天体上所致。

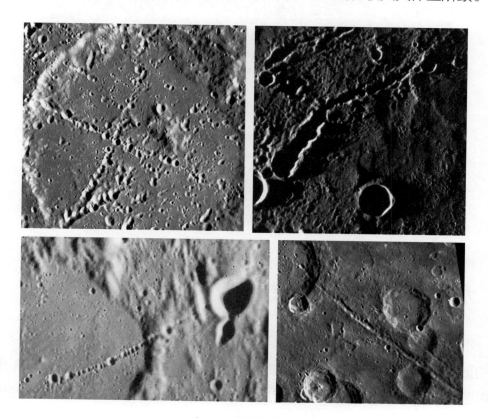

▲ 水星上典型的陨石坑链

■ 084

什么叫空洞？

这张图是"信使号"探测器发现的水星上特有的地形，称为"空洞"，是深数十米至数百米的洼地，其直径大小在数十米以上，大的洼地直径超过 1 千米。

在图中我们可以看到，卡洛里盆地中有 3 个原始坑，而空洞都集中在陨石坑的内部或边缘部位（明亮的浅蓝色部分）。为了凸显空洞，图中用蓝色表示。

空洞的形成原因目前还不得而知，但从其大多集中在陨石坑内部推断，可能是在陨石坑形成时地下深处的物质被挖掘出来，其中包含的挥发性成分升华（变成气体），从而形成了空洞。据说，类似的地形在火星南极极冠的干冰地域也可以看到。但是，与火星类似地形不同的是，水星的空洞是岩石。

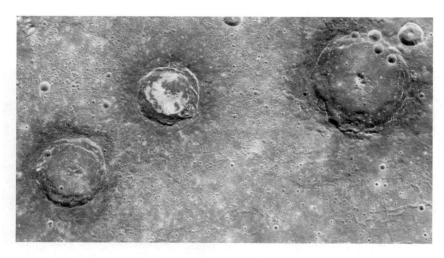

▲ 空洞

■ 085

水星凹陷区有什么特点？

水星的凹陷是它最独特、最不寻常的表面特征之一。在这下页图片令人震惊的景象中可以看到拉德特拉迪盆地（Raditladi Basin）的凹陷，在几千米范围内凹陷高度集中，个别凹陷的宽度可以达到几百米。目前还没有揭开凹陷形成之谜。

水星上布满了一些洞，这些洞看起来与太阳系中所见的其他地貌不同。来自美国国家航空航天局"信使号"探测器的高分辨率照片显示了浅的、无框的、不规则形状的凹坑。这种奇怪的地形可以是几十米到几千米宽，而包含它们的陨石坑则有几十千米宽或更大。在陨石坑的壁、底部和周围的山峰通常都能看到这些洞。许多凹陷的底部都是光滑平整的，具有高反光率的物质。

尽管水星之前被认为是一个地质死气沉沉的星球，在过去的 10 亿年间它的表面几乎没有什么变化，但这些空洞看起来很新鲜，很有可能它们现在很活跃。

有些研究人员认为这些空洞可能是在水星过去的火山时期形成的。在其他星球上，火山活动会形成无边无际的洼地，如破火山口和喷口。但也有研究人员认为，这些空洞比已知的火山坑要小得多，而且这些洞出现在水星上不太可能经历过火山活动的地方。更重要的是，这些空洞看起来非常新鲜，因为它们没有被后来的撞击事件所重塑。

▲ 拉德特拉迪盆地底部

■ 086

什么叫鬼坑?

鬼坑是充满火山沉积物的撞击坑。在陨石坑形成后,火山熔岩淹没了地表,掩埋了火山口,留下了陨石坑边缘的轮廓,这个陨石坑就叫作鬼坑。在水星上,鬼坑通常位于北半球平坦的平原上。水星上有三种类型的鬼坑:

(1)鬼坑里有一个褶皱的山脊,形成了一个环;(2)鬼坑里有一个皱纹脊环和地堑;(3)鬼坑没有皱纹脊环。

▲ 水星上的鬼坑

■ 087

水星北部地区有什么特点？

这张图片显示了一个透视图，朝向水星的北部，并将表面的地形高度着色，紫色是最低的，白色是最高的。正如之前的版本所示，在水星上测量的高度变化的总动态范围大约是 10 千米。鲁本斯陨石坑和蒙特威尔第陨石坑的直径分别为 159 千米和 134 千米，位于这幅图的中央。在这张图片中，水星广阔的北部平原从行星的上半部分延伸出去，相对于邻近的表面，其高度较低。

▼ 水星北部的低地

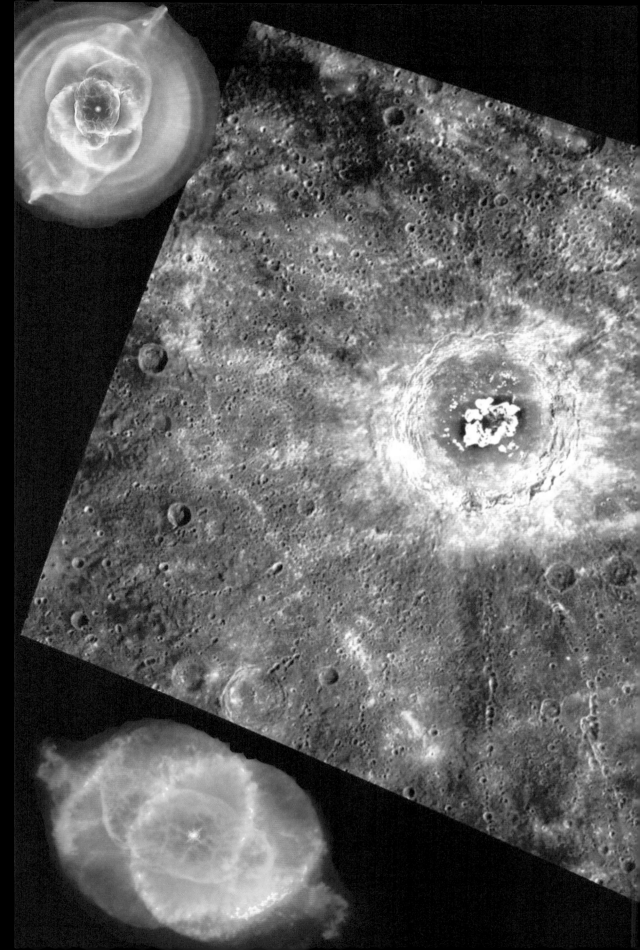

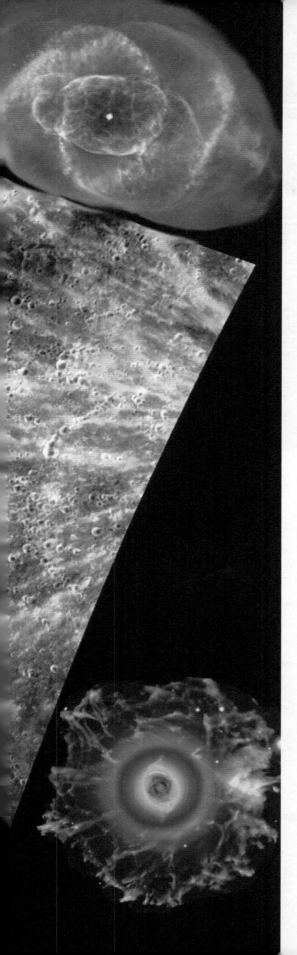

■ 088

为什么叫猫眼陨石坑?

在水星众多的陨石坑中,有一个陨石坑的名字叫"猫眼",难道它长得真像猫眼吗?

在这张照片中,有一圈明亮的光环围绕着陨石坑的边缘。如果说这个陨石坑与猫眼有什么联系,其实是指其中心有点像猫眼星云,这是一个标志性星云。

◀ 猫眼陨石坑(四角为猫眼星云图)

■ 089

怎样才能清晰地
看到水星的全貌?

如果看一幅水星的全图,虽然可以了解全貌,但由于分辨率低,难以看得清楚;若看局部图,虽然看得清楚,但只能了解局部特征。怎样既能看全局,又能清楚了解局部特征呢?"信使号"团队编制了一些图片集锦,看这类图可以解决上述矛盾。

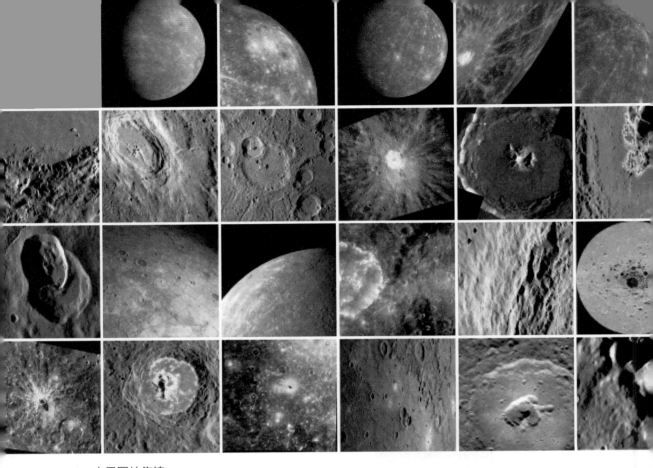

▲ 水星图片集锦

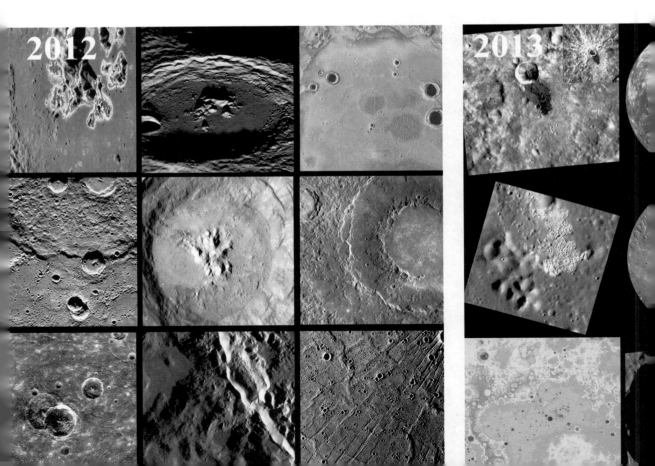

2012

2013

▼ 2012—2014 年水星图片集锦

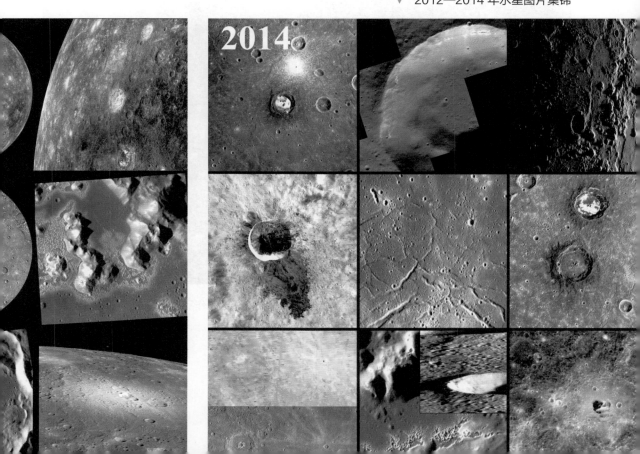

■ 090

漫画风格的陨石坑画面有什么特点？

希奥多·苏斯·盖索（Theodor Seuss Geisel），较常使用苏斯博士为笔名，是美国著名的作家及漫画家，以儿童绘本最出名。这个复杂的陨石坑被命名为苏斯陨石坑。苏斯陨石坑相对较新，它的底部含有撞击熔化物和空洞，撞击挖掘出具有不同颜色特征的物质。这些特征使这个陨石坑非常有趣，有点奇怪，而且色彩丰富，就像苏斯的绘画一样。

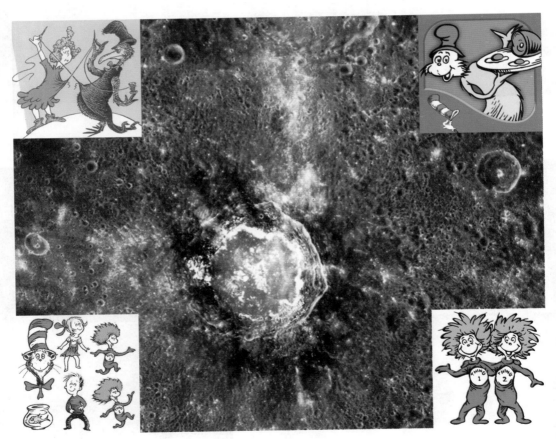

▲ 苏斯陨石坑（四角上的插图是苏斯的绘画作品）

■ 091

陨石坑中心是"蓝莓果"吗？

这张图片是一个未命名的射线陨石坑的彩色图像，它显示出明亮的光线从火山口放射出来，最重要的特征是坑底有一个明显的蓝色中心，像是蓝莓果。在水星上发现了大量的陨石坑，其中最长的射线来自北斋陨石坑。这些射线通常是在地质年轻的陨石坑中观察到的，形状和大小也各不相同。这个陨石坑的光线从火山口延伸了 200 千米。

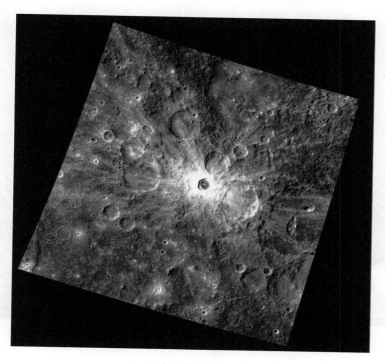

▲ 中心是蓝色的陨石坑

■ 092

水星上的元素分布有什么特点？

在"信使号"探测器轨道任务的第一年，探测器的仪器测量了水星表面物质的元素组成。最重要的发现是观察到了中度挥发性元素钾、钠和氯的丰度比之前的科学模型和理论预期的要高。在北半球高纬度地区观察到这些元素的浓度特别高，这张钾丰度图说明了这一点，这张图显示了以南纬60°和东经120°为中心的地表。这张地图是有史以来第一张由水星表面元素构成的地图，也是迄今为止唯一一张报告绝对元素浓度的地图。

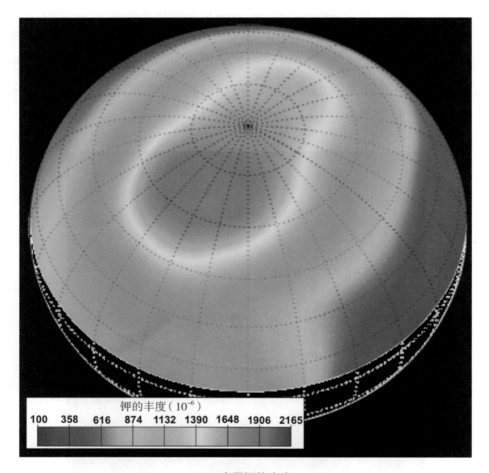

钾的丰度（10⁻⁶）

| 100 | 358 | 616 | 874 | 1132 | 1390 | 1648 | 1906 | 2165 |

▲ 水星钾的丰度

■ 093

图中的黄色斑点是火山喷发吗？

在下页的图片中，在反射率较低的平原上突出的炽热的黄色斑点，是一系列火山碎屑喷口，好像是火山喷发，一片大火大约从南纬60°，在赫西奥德陨石坑内，一直延伸到南纬51°。这些喷口被认为是由火山气体驱动的爆炸喷发的源头。

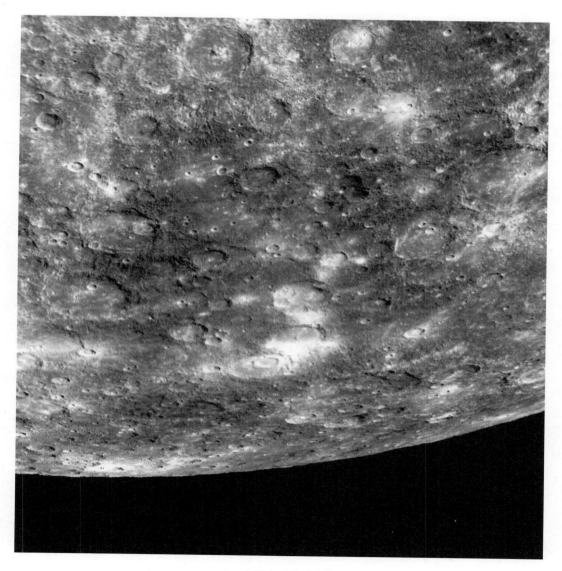

▲ 水星表面的 "火"

■ 094

星球大战中的主要人物跑到水星上了吗？

韩·索罗（Han Solo）是著名科幻电影《星球大战》中的主要人物之一，他早年在雷利亚星与女友绮拉相恋，逃出雷利亚星时与绮拉失散，走投无路下加入银河帝国，成为一名士兵，时时想回去寻找绮拉，后遇见了丘巴卡，并在假冒帝国军官的贝克特帮助下离开帝国阵营成为走私客，从蓝道·卡利森手中赢得"千年隼号",因一场机缘而卷入义军同盟和银河帝国的战争。

但是,不少网站刊登消息:"伙计们,我们一直都被骗了。在星球大战开始的时候,韩·索罗并没有从监狱中绝地归来,实际上是被运送到水星了。"

这是怎么回事呢?

原来,"信使号"探测器在 2011 年拍摄了一张照片,因为形似《星球大战》中的韩·索罗而登上了新闻头条。

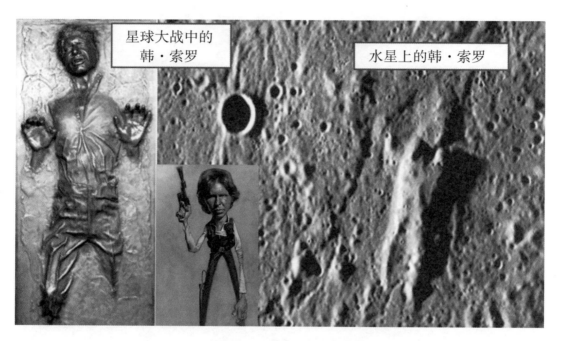

▲ 水星上的一张照片很像韩·索罗

知识总结

写一写你的收获

第 4 章

水星的**探索**

- -

由于水星十分接近太阳，时常被太阳光所笼罩，探测非常困难，因此我们对水星的所知相当有限，迄今只有两艘太空飞船曾大致勘察过水星——第一艘是"水手10号"探测器，第二艘是"信使号"探测器。关于水星探测，你还想知道什么？未来我们对水星的探测目标又是什么？

- -

■ 095

探测水星为什么非常困难？

在太阳系的类地行星中，人们对水星的状况了解最少。事实上，对水星的了解长年以来都依赖"水手10号"探测器在1974年和1975年三次飞越水星所探测到的资料。直到2004年美国发射了"信使号"探测器，环绕水星飞行，才使人类第一次全面了解水星的特征。照理说，水星距离地球并不很远，为什么探测水星那么难呢？

水星探测的第一个困难是水星的轨道远比地球轨道靠近太阳，从地球发射环绕水星的探测器在技术上要面对许多挑战。地球公转的轨道速度是29.8千米/秒，探测器必须改变速度以进入霍曼转移轨道。向太阳移动时势能会转换成动能，为了使探测器进入环绕水星的轨道，必须用火箭来减速，因为水星的大气层太稀薄，气阻减速并无太大功效。因此前往水星的探测器必须使用大量燃料，甚至多于太阳系脱离速度所需燃料，这在技术上是很困难的。

水星探测的第二个困难是太阳辐射和高温对于探测器的影响也是毁灭性的。

水星探测的第三个困难是水星的自转周期为58天，飞越探测器只能探测水星白昼的半球。但很不幸的是，"水手10号"探测器即使在1974年和1975年接近水星三次，每次飞掠时都只能探测到相同区域。这是因为"水手

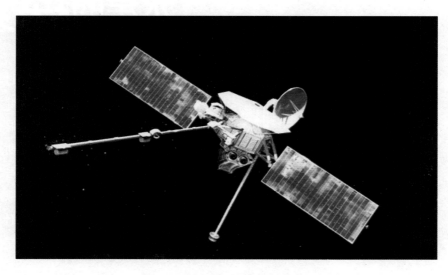

▲ "水手10号"探测器

▲ "信使号"探测器

▲ "贝皮科伦坡号"探测器

10 号"探测器的轨道周期几乎与水星的三个恒星日相等，因此每次接近时只能观测相同区域，结果是"水手 10 号"探测器只获得少于 45% 的水星表面图像。

又因为水星离太阳相当近，因此在地球上观测相当困难，原因有二。一是当天空亮度降低到可以使用望远镜时，水星总是在接近地平线的位置，这是容易受到大气层影响的位置。二是哈勃空间望远镜和其他太空望远镜为了避免仪器损毁，一般不观测太阳附近的天区。

■ 096

"水手10号"是怎样探测水星的？

第一艘探测水星的探测器是美国国家航空航天局的"水手 10 号"探测器（1974—1975 年）。这艘探测器使用金星的引力调整它的轨道速度，使它能够接近水星，并使它成为第一艘使用引力助推效应、第一次拜访多颗行星的行星际探测器。

"水手 10 号"探测器曾三度飞临水星，最接近时与水星表面的距离只有 327 千米。1974 年 3 月 29 日，"水手 10 号"探测器首次近距离飞越水星，当时距离水星 703 千米，仪器观测到水星有磁场，这使得行星地质学家大为惊讶，因为水星的自转极为缓慢，不至于产生发电机效应。"水手 10 号"探测器在 1974 年 9 月 21 日再度接近水星，当时距离为 48069 千米，这次接近主要是要拍摄图像。"水手 10 号"探测器最后一次接近水星是在 1975 年 3 月 16 日，距离水星仅 327 千米，也是最接近的一次。1975 年 3 月 24 日，在最后一次接近水星之后 8 天，"水手 10 号"探测器耗尽了燃料，由于不再能精确地控制它的轨道，任务控制者关闭了探测器的仪器。

■ 097

"水手10号"探测器获得了哪些成果？

"水手 10 号"探测器总共飞掠过水星 3 次，由于轨道的相对位置（探测器的轨道周期几乎是水星的两倍），使得每次探测的都是面对着水星的同一面，所以只能绘制水星表面 40%～45% 地区的地图，并拍摄 2800 多张照片。尽管如此，"水手 10 号"探测器所传回的资料仍然非常重要。

"水手 10 号"探测器发现水星拥有稀薄的大气层，主要由氦组成，另外也发现水星拥有磁场与巨大的铁质核心。辐射计显示水星的夜晚温度大约是 −183℃，而白天温度可达 187℃。

▲ "水手10号"探测器获得的水星接近半面的图像

■ 098

什么叫引力助推？

在行星探测中，不管是探测水星，还是探测遥远的外行星，常常借助于邻近行星的"引力助推"作用，使探测器在不消耗燃料的情况下，对轨道做较大的调整，以到达目标行星。

其实，引力助推的基本原理是速度合成。一艘飞船靠近行星飞行时，如果飞船的速度方向与行星运动的方向一致，行星就"带着"飞船飞行，因此，飞船相对于太阳的速度增加，反之则减速。

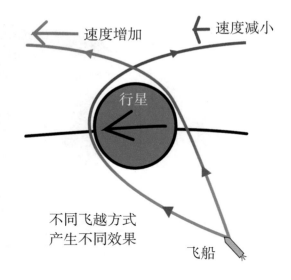

▲ 引力助推原理

如果探测器直接飞向水星，需要用泰坦 IIC 运载火箭，但由于飞船高速通过水星，只能使飞船在很短的时间获得数据。采用了引力助推的方案后，利用金星的引力助推，只要用较小推力的阿特拉斯半人马座运载火箭就可以到达水星，而且飞船与水星的相对速度比较小，适于观测。

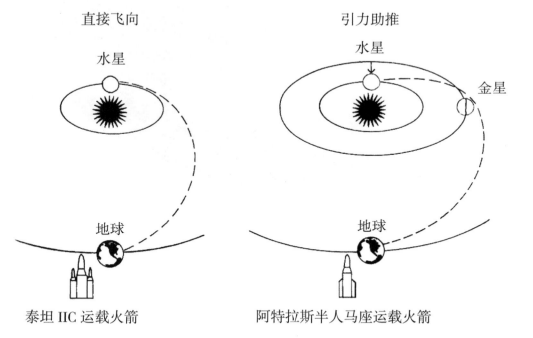

▲ 发射方式比较

■ 099

"信使号"探测器是怎样利用引力助推的？

"信使号"探测器利用行星引力助推的目的不是加速，而是减速，也就是当探测器接近水星时，速度要降下来，这样，只要用少量的燃料进行轨道机动，就可使"信使号"降低到足以被水星的引力场捕获的速度。

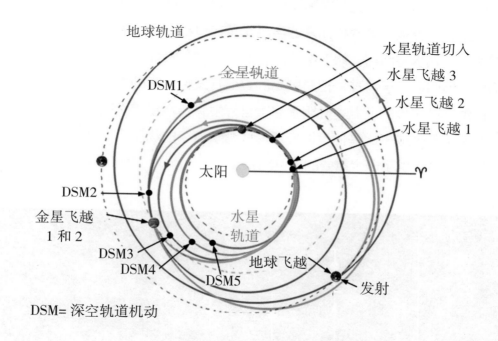

▲ "信使号"的轨道与引力助推

■ 100

"信使号"探测器研究的6个科学问题是什么？

1 │ 为什么水星的密度那么高；

2 │ 水星地质演变的历史；

3 │ 水星的磁场有哪些特征；

4 │ 水星的内部结构；

5 │ 水星极区有哪些不寻常的物质；

6 │ 水星稀薄大气层的特性。

■ 101

"信使号"探测器获得的
10项重大科学发现是什么？

1 │ 水星是富含挥发物的行星

"信使号"探测器的测量结果显示，水星挥发性元素含量惊人，这些元素会在适度的高温下蒸发。这就排除了许多关于水星形成和早期历史的模型。因为钾比钍挥发性更强，这两种元素的丰度比是热过程中通过挥发性将元素分离的敏感测量。就水星而言，如下图所示，这个比例与其他距离太阳更远的类地行星相似，但明显高于月球。相对较高的其他挥发性元素的丰度，包括硫、钠和氯，提供了进一步的证据，说明水星富含挥发物。水星表面硫含量高而铁含量低，说明水星形成于比其他类地行星形成含氧量少的物质，这就为所有内太阳系行星的形成提供了一个重要的理论约束。

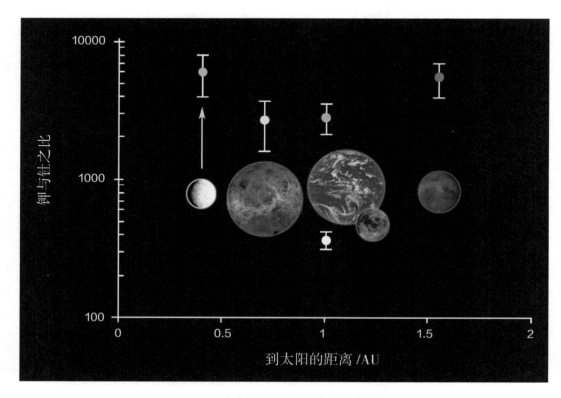

▲ 内太阳系天体的钾与钍之比

2 ｜极区有水冰沉积

"信使号"探测器提供了多条证据，证明水星极地地区存在水冰。水星北极附近的永久阴影环形山有热环境，允许水冰在这些环形山表面或地表以下几十厘米处保持稳定。

3 ｜偏移的磁场

"信使号"探测器磁强计的观测显示水星磁场沿行星自旋轴的偏移约为行星半径的 20%。水星内部磁场约是地球的 1%。

▲ 北极地区含水冰的区域（红色）

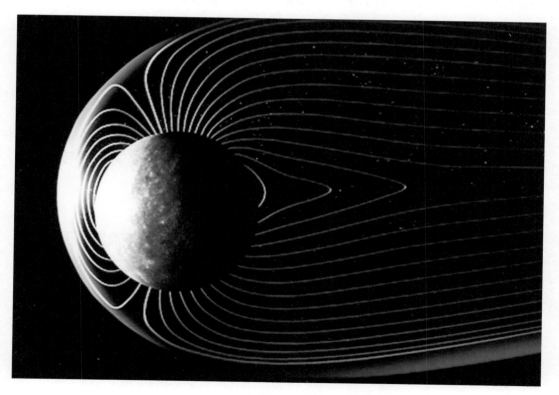

▲ 水星偏轴磁场

119

4 | 凹陷的地形

坑是浅的、不规则的洼地，这是"信使号"探测器发现的地貌，似乎是水星独有的。在水星表面，凹陷也是最明亮、最年轻的特征。

5 | 挥发物沉积

火山活动对塑造水星表面起着关键作用。右侧下图显示了顶部的提姆加德山谷和底部的吴哥山谷，这两个山谷都是由热的、快速流动的熔岩对水星表面的机械和热侵蚀形成的。岩浆从吴哥山谷进入了大的科菲陨石坑，那里已经被岩浆淹没。这些内部熔融物形成了表面火山沉积物的熔岩。

6 | 全球收缩

"信使号"探测器的研究结果显示，水星的半径缩小了 7 千米，这个数字比之前认为的要大得多。当水星收缩时，就会在一些地区产生悬崖、峭壁或陡坡。

7 | 外大气层的季节变化

水星稀薄的大气散射阳光，其发射的亮度与其含量成正比。散射的阳光使钠发出明亮的橙色光，由水星大气和表面合成光谱仪观察到，这是随水星离太阳的距离变化而发生的季节性变化。在水星年的部分时间里，散射过程产生的辐射压力足够强大，足以剥离大部分大气并形成一条发光的长尾巴。如果有人在一年中合适的时间看着水星的夜晚，会看到一种淡淡的橙色，就像城市的天空被钠路灯照亮一样。

8 | 磁层的动力学变化

水星的磁层是高度动态的，因为它磁场弱而又接近太阳。太阳风与行星磁场的相互作用在粒子和磁场中产生波。

9 | 能量电子

"水手 10 号"探测器经过短暂观察后提出了一个难题——高能粒子有明显爆发的性质。由于仪器的限制，这些粒子是离子还是电子以及它们的能量都不为人所知。直到"信使号"探测器进入水星轨道后，这个难题才得以解决。高能粒子是电子，不是离子，它们的能量从几千电子伏特到几十万电子伏特不等。

10 | 场向电流

"信使号"探测器在环绕水星轨道面上对水星磁场的观测显示，电流沿着磁力线从磁层流向低空。这些场向电流（或称伯克兰电流），在黎明时向下，在黄

25 千米

▲ 水星凹陷地形

▲ 挥发物沉积

昏时向上。

■ 102

"贝皮科伦坡号"是什么样的探测器？

由欧洲空间局和日本宇宙航空研究开发机构共同研制的"贝皮科伦坡号"探测器于 2018 年 10 月 20 日发射升空，开始了探测水星之旅。整个探测器由水星行星轨道器（MPO）和水星磁层轨道器（MMO）两个模块组成。在行星际飞行阶段，使用太阳电推进器，并利用月球和金星的引力助推。在进入水星轨道后，用化学火箭将水星行星轨道器和水星磁层轨道器切入到极轨。

该探测器将一次飞越地球、两次飞越金星、五次飞越水星，最终在 2025

▼ 旅途中的"贝皮科伦坡号"探测器

年到达水星。多次的行星引力助推将节省经费与燃料。它在 2020 年飞越地球，利用地球的引力助推使它能够飞越金星。2020—2021 年，两次的金星飞越使它几乎不需要利用推进就能降低其近日点，让它可以飞越水星。随后于 2021—2024 年五次的水星飞越会将它的速率降至 1.76 千米 / 秒，这将导致它于 2025 年第六次接近水星时被水星俘获，进入环绕水星的轨道。水星行星轨道器与水星磁层轨道器将在入轨后分离，当中水星磁层轨道器将进入一条距离水星较远的轨道。水星行星轨道器将用以测绘水星地图，而水星磁层轨道器将用以研究水星的磁场。

"贝皮科伦坡号"探测器的主要任务预计在 2027 年 5 月 1 日结束，而扩展任务则在 2028 年 5 月 1 日结束。

■ 103

"信使号"探测器刚结束水星探测，为什么还要发射"贝皮科伦坡号"探测器？

尽管"信使号"探测器取得了许多科学成果，但还有些问题需要进一步探测。

1 │ "信使号"探测器的观测结果表明，水星磁场源的中心与行星中心偏离了大约其半径的 20%。"贝皮科伦坡号"探测器将获得南半球的详细测量数据，补充北半球"信使号"探测器获得的详细数据，以提供更完整的情况视图。

2 │ "信使号"探测器在两极的暗坑中发现了被认为是水冰的沉积物。"贝皮科伦坡号"探测器的极地轨道将通过许多不同的仪器对这些地区进行更深入的研究。

3 │ "信使号"探测器发现了新的表面特征，如所谓的凹陷，这些特征似乎是水星独有的年轻特征。"贝皮科伦坡号"探测器的高分辨率成像，从紫外到热红外，将确定这些特征的化学成分，有助于了解它们是如何形成的。

4 │ "信使号"探测器发现了坑状地形，这被认为与过去的火山活动有关。"贝皮科伦坡号"探测器能够提高人们对火山喷发类型随时间变化的认识。

5 │ "信使号"探测器的研究结果发现，随着水星内部的冷却和收缩，水星半径缩小了7千米。"贝皮科伦坡号"探测器将通过对表面特征成像（尤其是南半球的高分辨率成像）来补充这些结果，以帮助确定这种收缩是如何随时间分布的。这将提高我们对单板块行星的冷却和构造历史的认识。

6｜"信使号"探测器的测量结果表明，石墨碳导致了水星表面是暗淡的，但是关于碳的起源尚有争议。"贝皮科伦坡号"探测器将提供有关碳的性质和丰富程度的信息，以帮助查明其来源。

7｜"信使号"探测器首次从不断变化的外逸层轨道观测到钠、钾、钙和镁等物质表现出不同的空间分布，这些物质的空间分布与标准模型不符。"贝皮科伦坡号"探测器将对外逸层结构和组成的时间演化提供更多的了解，预计还将探测大气中的其他物质。

正如"信使号"探测器极大地提高了我们对这个迷人世界的认识一样，毫无疑问，"贝皮科伦坡号"探测器也会带来新的惊喜和意外，这将对我们理解水星在太阳系历史上的地位具有重要的意义。

■ 104
"贝皮科伦坡号"探测器的科学目标是什么？

可从下列12个问题中了解"贝皮科伦坡号"探测器的科学目标：

1｜关于太阳星云的组成和行星系统的形成，我们能从水星中学到什么？

2｜为什么水星的归一化密度明显高于月球和所有类地行星？

3｜水星的核心是液态还是固态？

4｜现在的水星有构造活动吗？

5｜为什么这么小的行星有一个固有的磁场，而金星、火星和月球却没有？

6｜为什么光谱观测不能揭示铁的存在，而这种元素据说是水星的主要成分？

7｜极区的永久阴影陨石坑内是否含有硫化物或水冰？

8｜没有看见的水星半球与"水手10号"观测到的半球有明显的不同吗？

9｜外逸层的产生机制是什么？

10｜在没有电离层的情况下，磁场如何与太阳风相互作用？

11｜水星的磁化环境是否与地球上观察到的极光、辐射带和磁层亚暴特征

相似?

12 │ 由于水星近日点进动是用时空曲率来解释的，我们能否利用太阳的近距离来测试广义相对论，以提高精确度？

结语

《水星奥秘100问》的内容介绍完了，但这些问题只是我们目前对水星比较了解的问题，水星还有许多问题我们目前还没有认识清楚，甚至还没有考虑到。因为人类对水星的探索还是初步的，环绕探测器只有"信使号"一个，还没有着陆器和巡视器，更没有开展取样返回，因此，人类对距离太阳最近的这颗行星的探索可以说是任重而道远。

"信使"成功探水星，表面特征看得清。

诸多奥秘还未解，期盼"天问"探辰星。

> ⭐ 知识总结
>
>
>
>
>
>
>
>   写一写你的收获